한 권으로 끝내는

커피 & 와인

정정희·김자경·이영록·오성훈·최익준 공저

ß (주)백산출판사

PREFACE

커피와 와인을 한 권으로 정리할 수 있을까? 사실 두 가지를 이 한 권에 정리하는 일은 쉬운 일이 아니다. 그만큼 커피와 와인은 가볍게 정리하기에는 너무나 많은 이야기가 있기 때문이다. 그러나, 누구나 흥미를 가지고 쉽게 접근할 수 있도록 해보자는 마음으로 시작하게 되었다.

음료에 관한 공부를 하다 보면, 스페인 발렌시아 부근에서 발견된 약 1만 년 전으로 추정되는 동굴벽화 속 봉밀을 채취하는 인물을 만나게 된다. 채취한 꿀은 물에 타서 마셨을 것이고, 이것이 인류가 마신 최초의 음료일 것이다. 약 6000년 전 바빌로니아에서 레몬즙을 마셨다는 기록과 물에 젖은 밀빵이 발효되어 맥주가 되었다는 이야기, 야생포도가 자연 발효되어 포도주가 되었다는 이야기 등 많은 이야기가 있다.

고대 그리스에서는 땅에서 나온 광천수의 효능으로 그리스인들이 장수했다는 기록이 있으며 로마에서는 이미 약용으로 마시고 있었으며 이것은 탄산음료의 기원이 되었다. 에티오피아의 목동, 칼디가 커피를 발견했는데 처음에는 약용했다가 나중에는 음료로 마시게 되었다는 기록들은 흥미롭고 재미있는 소재이다. 현대에는 다이어트 음료 외 다양한 기능성 음료가 많이 나와 있으며, 음료는 더 많이 공부하고 연구해야 할 과제임에 분명하다.

즉, 정리를 해보면, 음료를 크게 두 종류, 알코올 음료와 비알코올 음료로 나눌 수 있는데, 1% 이상의 알코올을 함유한 음료를 술이라 칭하며, 그 외 무알코올 음료를 일반 음료라 할 수 있다. 알코올 음료는 크게 양조주와 증류주 혼성주, 세종류로 나눌 수 있으며, 무알코올 음료는 청량음료, 기호음료, 영양음료, 그 외 일반음료 등으로 나눌 수 있다.

이 책에서 다루고자 하는 내용은 '악마의 유혹'으로 알려진 커피와 '신의 물방울'로 유명한 와인이다. 총 3부로 구성하였는데, 1부에서는 음료, 2부에서는 커피, 3부는 와인에 대하여 서술하였다. 한 권의 책에 모든 것을 담을 수는 없지만, 원고를 집필하는 동안 사랑의 열매 '커피'와 영혼의 음료 '와인'에 대하여 가장 쉽게 전달해야겠다는 생각으로 기본적인 내용에 충실하였다.

커피와 와인의 공통점은 종교와 연관이 있으며, 건강에 효험이 있다는 점과 향이 좋고, 맛이 있으며 마시는 방법과 모습조차 아름답다는 점이다. 즉, 기호음료인 커피와 풍요의 와인은 인간 내면의 감성과 건강에 유익한 점이 아주 많다. 그러나 잘못된 음용으로 부작용을 초래하는 일은 없어야 할 것이다.

대학교에서 조리, 외식, 관광 등을 공부하는 학생과, 식음료에 관심을 가지고 계신 모든 분에게 음료에 대하여 조금이라도 도움이 되길 바라며, 특히 커피와 와인을 제대로 이해하고 배워 사회에 나아가 조금이라도 더 풍성한 생활이 되었으면 하는 바람이다.

이 책이 나오기까지 함께하여 주신 김자경, 이영록, 오성훈, 최익준 교수님께 감사드리며, 백산출판사의 진욱상 사장님과 이경희 부장님, 그리고 박시내, 신화정 선생님께 감사함을 전한다.

2024년 8월 정정희

CONTENTS

Beverage

Coffee

Beverage

음료

1. 음료의 정의

음료는 사람이 마실 수 있도록 만든 액체를 통틀어 이르는 말이다. 인간의 몸 70% 이상이 수분으로 되어 있으며, 음료는 사람이 살아가는 데 꼭 필요한 것이다.

인간의 문명과 음료의 발전은 비례한다고 할 수 있다.

2. 음료의 역사

인류의 최초의 음료는 순수한 물이다. 수질 오염으로 인해 순수한 물을 마실 수 없게 되자 인간은 건강하게 마실 음료를 연구해야만 했다.

음료에 관한 고고학적 자료는 거의 없다. 그러나, 1919년 스페인의 발렌시아 (Valencia) 부근에 있는 동굴 속에서 약 1만 년 전의 것으로 보이는 암벽 조각이 발견되어 새로운 추측을 할 수 있다. 한 손에 바구니를 들고 봉밀(蜂蜜)을 채취하는 인물 그림인데, 자연 봉밀을 그대로 또는 물에 약하게 타서 마시기 시작한 것이 음료의 시초라 할 수 있다.

인간이 발견한 음료 중 하나는 과즙(Fruit Juice)이다. 기원전 6000년경의 고고학적 자료에 의하면 바빌로니아(Babylonia)에서 레몬(Lemon) 과즙을 마셨다는 기록이 전해진다.

그 후 물에 젖은 밀빵이 발효되어 맥주가 된 것을 발견하여 음료로 즐기게 되었고, 중앙아시아 지역에서는 야생 포도가 자연 발효된 와인을 발견하여 마셨다는 기록이 있다. 유(乳)제품은 인류가 오래전부터 마셔온 음료다.

고대 그리스에서는 땅에서 자연적으로 솟아 나오는 천연 광천수(Mineral Water) 효험으로 장수했다는 기록이 있는데, 로마에서는 이를 약용으로 마셨다. 이는 탄산음료의 기원이기도 하다. 인공 탄산음료(Carbonated Drink)는 18세기 영국의 화학자 조셉 프리스트리(Joseph Pristry)가 탄산가스를 발견한 이래, 다양한 청량음료(Soft Drink)로 발전해 왔다.

3. 음료의 분류

음료는 알코올성 음료(Alcoholic Beverages)와 비알코올성 음료(Non Alcoholic Beverages)로 나뉠 수 있다. 알코올성 음료는 술을 의미하고, 비알코올성 음료는 청량음료, 영양음료, 기호음료, 이온음료 등을 의미한다.

⑤ **음료의 분류**

1) 알코올성 음료

알코올성 음료: 1% 이상의 알코올이 첨가된 음료

(1) 양조주(Brewed Alcoholic Beverage)

양조주는 곡류나 과일의 당분을 발효시켜 만드는 술이다. 과일은 당이 많으므로 그대로 발효하여 숙성시키기도 하며, 과당에 효모를 첨가하여 발효 과정을 거쳐 조주하는 방법도 있다. 곡류에 포함되어 있는 전분을 당화 과정을 거친 후 효모를 첨가하여 조주하는 주류에는 탁주, 약주, 청주, 맥주, 과실주가 있으며, 과일로 양조한 것으로는 와인이 대표적이다. 양조주를 발효주라고 한다.

(2) 증류주(Distilled Alcoholic Beverages)

증류주는 양조주보다 순도가 높은 주정을 얻기 위하여, 1차 발효된 양조주를 증류시켜 만든 주류이다.

혼합물을 구성하는 성분은 서로 다른 기화점을 가지고 있다. 물과 알코올이 섞여 있을 때, 가열을 하면 알코올은 80℃에서 기화하고, 물은 100℃에서 기화한다. 이때 먼저 기화된 알코올을 급속 냉각하면 순도가 높은 알코올을 얻을 수 있다.

과일 증류주는 브랜디, 곡류 증류주는 위스키, 진, 럼, 보드카, 테킬라, 소주 등이 있다.

● **증류기의 종류**

단식 증류기(Pot Still)
- 밀폐된 솥과 관으로 구성되어 있음
- 시설비가 적게 듦
- 전통적이고 원시적인 조주방법
- 맛과 향의 파손이 적음

연속식 증류기(Patent Still)
- 대량 생산이 가능함
- 연속으로 작업을 할 수 있음
- 시설비가 많이 듦

(3) 혼성주(Liquer)

액체의 보석이라고도 불리며, 화려한 색채와 향이 특징이다. 중세 시대의 연금술사에 의해 우연히 만들어졌다고 한다.

양조주나 증류주에 색, 맛, 향 등의 여러 성분을 섞어서 만든 술이며, 식물의 꽃, 잎, 뿌리, 과일, 과일 껍질, 당, 색소 따위를 섞어 만든다.

당분을 넣어서 만드는 술을 리큐르(Liqueur)라고 하며, 주로 식후주로 기분 좋게 마시는 술이다.

⑤ **각국의 혼성주 명칭**

라틴어(어원)	Liquefacere: 녹이다
유럽/프랑스	Liqueur
독일	Likor
미국/영국	Cordial

2) 비알코올성 음료(Non Alcoholic Beverages)

알코올 성분이 없어 남녀노소 누구나 마실 수 있는 일반적인 음료수를 의미한다.

알코올을 함유한 음료를 하드 드링크(hard drink)라고 하며, 알코올을 함유하지 않은 음료를 소프트 드링크(soft drink)라고 부른다.

(1) 기호음료(Tasting Beverage)

① 차(tea)

차 나무의 어린잎을 원료로 가공하여 만든다. 원산지는 중국이라는 설도 있으며, 인도라고 주장하는 설도 있다. 물을 그냥 마시기에는 문제가 있는 지역에서 물을 끓여 마시기 시작하면서 차 문화가 발달하게 되었다고 한다. 잎을 채엽하는 시기에 따라 첫물차(4~5월), 두물차(6월), 세물차(8월), 네물차(9~10월)로 분류한다.

첫물차가 차의 맛이 부드럽고 감칠맛과 향이 가장 뛰어나다고 알려져 있다. 채엽하는 시기가 늦어질수록 차 맛이 떫고 아린 맛이 강해진다. 감칠맛은 떨어지는 경향이 있다. 그 외 꽃차, 뿌리차, 열매차, 줄기차 등 다양하다.

② 커피(Coffee)

커피는 꼭두서니과에 속하는 쌍떡잎식물이다. 커
피는 식물학적으로 60여 가지가 있으며, 그중에서
커피의 3대 원종은 에티오피아가 원산지인 아라비카
종, 콩고가 원산지인 로부스타종, 리베리아가 원산
지인 리베리카종이 있다.

커피 음료를 만들 때는 커피열매(Coffee Cherry) 안
의 씨앗만을 활용한다. 커피체리를 수확하여 가공,
건조, 로스팅 등의 과정을 거쳐야 한다. 생두를 로스
팅하는 방법과 그라인딩하는 방법도 다양하며, 이러한 여러 과정에서 다양한 맛과
향이 결정된다. 추출 방법도 다양하며, 블렌딩해서 마시는 방법도 다양하다.

(2) 영양음료(Nutritious Drink)

건강에 도움을 줄 수 있는 영양성분이 많이 함유되어 있는 음료이다. 과일주
스와 야채주스, 우유류 등을 영양음료로 분류한다. 우유의 종류에는 생우유(Raw
Cow's Milk), 전우유(Whole Milk), 탈지우유(Skin Milk, Fatfree Milk), 전지분유(Con-
densed Milk)으로 나뉜다. 오렌지주스, 인삼주스, 토마토주스, 사과주스, 자몽주스,

크린베리주스, 딸기주스, 유산균 음료 등이 영양 음료이다.

(3) 청량음료(Soft Drink)

탄산가스(CO_2)의 주입 여부에 따라 탄산음료(Carbonated)와 무탄산음료(Non-Carbonated)로 나뉜다.

탄산음료는 이산화탄소(CO_2)가 들어있으며, 맛이 시원하고 상쾌한 기분을 느끼도록 만든 음료이다. 사이다, 콜라, 토닉 워터, 진저에일, 칼린스믹스, 소다수 등이 탄산음료이다. 무탄산음료로는 미네랄 워터, 비키 워터, 광천구, 셀처워터, 에비앙 등이 있다.

(4) 기타 음료

특별한 목적을 가지고 마시는 음료이며, 스포츠 후의 갈증 해소를 위한 이온 음료나, 전통 음료, 다이어트 음료 등이다.

Coffee

I 커피

1. 커피의 어원

커피는 프랑스에서는 '카페', 미국에서는 '커피', 일본에서는 '고히'라고 불린다. 그렇다면 카페나 커피가 나올 수 있었던 그 어원은 과연 무엇일까? 아라비아에서는 커피를 '쪄서 만든 음료'란 뜻으로 '카와'라고 불렀지만 프랑스에서는 '카페'라고 불렀다.

16세기경 유럽으로 전파되는 과정에서 그 발음이 유럽풍으로 바뀌면서 영국과 프랑스에서 사용하는 호칭을 중심으로 세계적인 언어가 되었다. 커피를 나타내는 각국의 언어 가운데 각국에서 사용되고 있는 커피의 어원은 '카와'이며 그것이 일반화된 것에 대한 두 가지의 설이 있다.

첫 번째는 아라비아에는 원래 '분' 또는 '반캄'이라고 하는 술이 있었는데, 커피를 마시면 사람을 흥분시키고 심신이 건강해지는 것이 그 술을 마실 때의 작용과 비슷하였다. 언제부터인가 사람들 사이에서 '분'이라든가 '반캄'이 아니고 '카와'로 부르게 되었다고 하는 설이다.

두 번째는 커피의 원산지인 에티오피아의 '카파'라고 하는 지명이 있어 그것이 커피의 원래의 지명으로서 아라비아에서는 '카와'로 부르게 되었다고 하는 설이다.

현재는 커피의 효능으로 보아 첫 번째 설이 정확하지 않을까 하는 사람들이 많다.

⑤ 각국의 커피 명칭

국가	명칭	국가	명칭
프랑스	Café	미국, 영국	Coffee
이탈리아	Caffé	핀란드	Kahvi
독일	Kaffee	터키	Kahve
네덜란드	Koffie	세르비아	Kafa
노르웨이	Kffe	아이슬란드	Kaffi

2. 커피의 전설

커피의 발견은 여러 가지 가설로 전해지고 있는데, 그중 목동 칼디의 전설, 마호메트와 가브리엘 천사, 오마르와 공주의 이야기는 정확한 역사적 근거는 없지만 널리 알려져 커피의 발견과 효능을 설명하고 있다. 기록이 남아 있는 커피의 기원이 관련된 것으로는 이슬람교의 한 계파인 수피교 율법사 세이크 게말레딘의 이야기로 커피의 각성효과를 설명하고 있다.

와인이 기독교와 기독교 문화를 규정짓는 음료라면 커피는 이슬람교를 설명하고 특정짓는 음료라 할 수 있다. 이슬람교는 종교적, 수행을 위하여 알코올을 금하고, 정신적 각성의 효과가 있는 커피를 즐겨 마셨는데, 효능은 물론 향과 맛이 알려지면서 '이슬람의 와인'이라고 불리며, 전체 이슬람 사회를 통해 널리 퍼져나갔다.

1) 칼디 이야기(Kaldi)

약 9세기경 아비시니아(Abyssinia) 지역의 목동이었던 칼디는 자기 염소들이 근처 숲에서 체리처럼 생긴 빨간 열매를 따 먹은 후 흥분해서 뛰어다니는 모습을 보고 본인도 그 열매를 먹어보았다. 신기하게도 피로감이 사라지고 새로운 힘이 솟는 것을 느껴 매일 그 열매를 따서 먹게 되었는데, 활기찬 그의 새로운 모습은 근처 수도원 수도사의 눈에 띄게 되었다. 직접 열매를 먹어본 수도사도 그 효과를 알게 되어, 기도와 수행을 장시간 해야 하는 수도사들에게 열매를 물에 끓여 마시게 하며, 조리법까지 알려주게 되었다. 그 후 이 열매로 만든 음료에 관한 이야기는 근방에 있는 모든 수도원으로 빠르게 전파되었다.

2) 오마르와 공주의 전설(Omar and Princess)

약 1258년경 샤델리(Schadheli)의 제자인 오마르는 스승과 함께 모카에 정착하였으나 그 당시의 모카는 전염병이 창궐하였다. 모카의 공주도 병에 걸려 오마르의 치료를 받던 중 오마르와 사랑에 빠졌다고 한다. 왕의 노여움을 산 오마르는 아라비아의 사막으로 추방되어 굶주림에 직면해야 했다. 죽어가던 오마르는 오자부(Ousab)산에서 커피나무를 발견하였고 커피로 연명하게 되었다. 기적처럼 모카로 살아 돌아온 오마르는 커피로 공주의 병도 고치고, 전염병도 잡으며, 커피의 효능을 널리 알리게 되었다. 그리고, 공주와 결혼하여 행복하게 살았다.

3) 마호메트와 천사 가브리엘의 전설(Mohammed and Angel Gabriel)

어느 날 천사 가브리엘이 병에 걸린 선지자 마호메트의 꿈에 나타나 커피 열매를 직접 보여주며 마시는 방법까지 알려주었다. 이슬람 신앙과 연결된 전설로 선지자 마호메트의 꿈에 천사 가브리엘이 나타난 것이다.

커피를 마시면 병을 치료하고 신도들의 기도 생활을 북돋우는 데 효험이 있을 거라는 예언까지 해 주었다고 한다. 이는 이슬람교가 처음 아라비아반도에서 퍼져 나간 시기와 커피가 같은 지역에 알려지기 시작한 것이 비슷한 시기로 추정된다. 커피가 이슬람교에서 중요한 임무를 수행하였다는 것을 알 수 있다.

4) 셰이크 게말레딘(Sheik Gemaleddin)

1454년 다반(Dhabhan) 출신의 이슬람교 율법 학자인 셰이크 게말레딘이 에티오피아 여행 중 커피의 효능을 알게 되었고 아덴(Aden, 현재의 예멘)으로 돌아온 후 건강이 악화하여 커피를 구해 마신 후 병이 치료되었을 뿐 아니라 밤잠을 쫓는 효과도 있음을 알게 되었다. 그 후 수도사들에게 커피를 권하여 야간 수행에 집중할 수 있도록 하였다는 기록이 있다.

3. 커피의 전래

커피가 처음 문헌에 나타난 것은 페르시아의 의사 라제스의 저서이다. 그는 페르시아, 이집트, 인도, 유럽의 종합 의학서적인 『의학 집성』에서 에티오피아 및 예멘에 자생하는 분(Bun)과 그 추출액 반캄(Bun Chum)을 의학의 재료로 사용하였음을 서술하였다. 또한, 엘리스가 저술한 『커피의 역사적 고찰』에서는 15세기의 니에하벤딩이 쓴 아라비아어의 고문서를 인용해서 커피가 아비시니아에서 예전부터 식용으로 공급되었다고 서술하고 있다.

16세기 중반 무렵부터 지중해 동해안의 레바토 지방을 여행한 유럽인의 여행기에서 현지의 사람들이 태운 분(Bun)에서 제조한 '카와'라 불리는 검은 액체를 식용으로 소개하며 유럽인들에게 커피가 알려지게 되었다.

4. 커피의 역사

커피의 발견. 원산지는 아프리카의 아비시니아(Abyssinia) 지역, 지금의 에티오피아(Ethiopia)이다. 이곳에서 '커피'라는 식물이 발견되었고, 그 후에 재배가 시작되었다.

800년대 이란의 의사이며, 과학자인 라제스(Rhazes)는 커피를 반캄(Bun Chum)이라 하여 커피의 약리효과를 기록하였고, 철학자이자 의사인 아비센나(Avicenna)도 반캄을 언급하며 '사지를 튼튼하게 하고 피부를 맑게 하며 피부의 습기를 없애주고 온몸에서 좋은 향기가 나게 한다'라고 기록하였다.

커피가 오늘날처럼 마시는 음료로 발전한 곳은 아라비아 지역이다. 역사적 기록에 따르면 1000년경부터 사람들은 이미 커피를 볶아 삶은 물을 마시고 있었다. 즉, 에티오피아를 발원점으로 홍해를 건너 아라비아 지역에 뿌리를 내리고, 중앙아시아의 터키에 이르러 음료로서 자리를 잡게 된 것이다.

터키에서 유럽대륙으로 퍼져 나간 커피는 비약적인 발전을 이루게 된다. 최초의 커피숍이 생겨난 곳은 13세기경 아라비아의 성지 메카라고 알려져 있다. 그만큼 커피는 중동 지방의 이슬람을 통하여 시작됨을 알 수 있다.

14세기 예멘 모카의 북서부 산악지역에서 커피나무의 재배 성공은 음료로서의 발전과 확산의 계기가 되었다. 15세기 아라비아반도 어디에서나 커피를 마실 수 있게 되었는데 15세기 중반에 들어 예멘 모카 지방의 수피교도(이슬람 신비주의)들 사이에서 밤 기도 시간에 졸음 방지의 목적으로 마시기 시작했다고 전해지며, 일상적인 음료가 아니라 의약품으로 인정받았다고 한다.

메카 순례를 왔던 순례자들이 커피를 가져가며 중동 지방을 거쳐, 이탈리아, 유럽대륙과 인도, 인도네시아, 아메리카 등지로 퍼지게 되었다.

커피나무의 재배 성공은 커피를 아라비아 전 지역에 확산시켰으며, 예멘의 모카 항을 통해서 그 당시 최강국인 오스만튀르크 제국(지금의 튀르키예)으로 수출되기 시작하였다. 예멘은 커피의 상품 가치를 인식하고 수출을 독점하기 위하여 커피나무 또는 커피 종자의 반출을 금하였다. 즉, 볶은 원두나 뜨거운 물에 담가 발아할 수 없는 상태로만 수출할 수 있게 하였다.

1554년 콘스탄티노플에 '카페카네스'라는 다방이 생겨 상인과 외교관들의 사교 장으로 인기가 대단했을 뿐 아니라 커피가 유럽으로 넘어가는 건널목 역할을 했다.

1600년경 인도 남부 출신의 바바부단이라는 이슬람 승려가 메카에 성지 순례를 왔다가 커피향에 반하여, 커피콩을 가져가 인도의 마이소어(Masore)의 산간 지역에서 재배하게 되었다.

1605년 커피를 못마땅하게 여긴 일단의 기독교가 커피가 회교도 지역에서 발달한 것을 기회로 '사탄의 음료'라 하며 커피를 금지하도록 하였으나, 교황이 커피에 세례를 주고 기독교의 음료로 만들며, 악마라는 말의 시비를 중지시켰을 뿐 아니라 본격적인 음료로 발전될 수 있는 기틀을 마련했다.

1616년에 네덜란드인이 모카(Mocha)에서 커피 모(과육이 있는 상태로 말린 커피콩)를 훔쳐 그들의 식민지인 스리랑카(Ceylon)와 자바(Java)에 심어 묘목을 만들고 그것을 이식하여 재배를 시작하였다. 그곳에서 수확한 커피의 수출로 한동안 커피 재배의 주류를 이루게 되었다. 또한 수마트라, 셀레브스, 티모르, 발리 등 당시 네덜란드의 다른 식민지에도 커피 재배가 시작되었다.

16세기 중반에 이르러 오스만튀르크가 남부 아라비아까지 지배하게 되면서 성도 메카와 메디나까지 퍼져나갔다. 이슬람교 성직자와 신도들은 매주 월요일과 금요일 저녁 예배 때가 되면 커피를 마신다.

예멘인들의 '키쉬르'[1]를 아라비아인들은 '카와(Qahwah)'라고 부르며 그들의 생활 문화로 끌어들이기 시작하였다. 그 후 페르시아를 거쳐 이집트로 전파되었다.

---

1 커피열매 껍질. 커피 열매

프랑스도 커피 재배를 위해 많은 노력을 기울였으나, 계속 실패를 거듭하였다. 1714년 네덜란드 암스테르담 시장과 당시의 프랑스 왕인 루이 14세와의 조약에 의해 커피나무 한 그루가 선물로 전해졌다. 이렇게 건네받은 커피나무는 파리의 식물원에서 자라게 되었는데, 이 나무가

바로 대부분의 남아메리카, 중앙아메리카, 멕시코 등 프랑스 식민지령의 커피 재배의 원조가 되었다.

클리외는 프랑스령 식민지인 마르티니크(카리브해 서인도제도의 섬)에 복무하던 해군이었다. 복무 중 파리에서 커피나무를 가져오게 되었는데, 1723년 프랑스의 낭트에서 출발하여 마르티니크로 항해하던 중 물이 부족했음에도 불구하고 자기 식수를 커피나무에 주며, 커피나무를 보호하였다. 마르티니크에 도착하여 커피나무를 재배하게 된 클리외는 1777년 1,900만여 그루의 커피나무가 마르티니크섬에서 자랄 정도로 커피 재배에 온 힘을 쏟았다. 후일 프랑스를 커피 수출국의 주류로 올려놓는 계기가 되었다.

네덜란드, 프랑스, 영국, 포르투갈 등 유럽 강대국의 아메리카 대륙에서의 식민지 영토 확장은 커피 재배의 확산을 불러왔다. 1718년 네덜란드는 수리남에 커피를 재배하기 시작하였고, 1723년 프랑스령 가나에서 들여온 커피를 브라질, 파라(parà) 지역에서 재배를 시도하였으며 1730년 영국은 자메이카에서 커피 재배를 시작하였다. 1750~1760년 과테말라에 커피나무가 전파되었고 1752년 포르투갈의 식민지가 되어버린 브라질에서 왕성한 커피 재배가 시작되었으며 1790년에는 멕시코에서도 커피 재배가 시작되었다.

5. 세계 커피의 역사

1) 아랍

아랍의 커피가 유럽에 소개되었을 때는 만병통치약으로 소개되었다. 유럽인들은 나중에야 비로소 아랍인들이 약효가 아닌 향 때문에 커피를 즐긴다는 것을 알게 되었다. 그 후로 유럽인들은 커피를 마시기 좋은 형태로 발전시켰는데 아랍인들은 그들의 커피를 지키기 위해 종자의 반출을 막고, 열매를 끓이거나 볶아서 유럽행 배에 선적했다.

2) 네덜란드

1616년 네덜란드의 한 상인이 인도의 순례자로부터 원두를 입수해 그것을 유럽으로 밀반출했다. 이후 70년 동안 네덜란드는 인도네시아의 플랜테이션에서 커피를 재배하였고 커피는 네덜란드의 가장 인기 있는 음료가 되었다.

3) 프랑스

프랑스에 커피나무가 전해 내려온 것은 1713년 암스테르담 시장이 루이 14세에게 커피나무를 선물한 때였다고 전해진다. 그러나 프랑스가 본격적으로 커피를 재배할 수 있었던 것은 노르망디 출신의 젊은 군인 클리외의 애국적 열정 덕분이었다. 루이 14세의 정원(식물원)에서 커피 묘목을 구한 그는 아메리카 식민지의 한 곳인 마르티니크섬에 옮겨 심는 데 성공하였다. 이곳에서 무성하게 자란 커피나무는 프랑스령 기아나로 옮겨지면서 더욱 번성하였다.

4) 브라질

1727년 커피가 재배되고 있던 기아나에 프랑스와 네덜란드 식민지 분계선 분쟁을 중재하기 위해 브라질에서 젊은 관료가 파견되었다. 그는 프랑스령 총독 부인과 사랑하게 되었지만, 그녀의 귀국으로 인하여 헤어지게 되었다. 그때 그녀는 꽃다발을 선물로 주었는데, 그 속에는 커피 묘목과 씨앗이 숨겨져 있었다. 이는 씨앗을 유출할 수 없는 상황에서 아주 큰 선물이었다. 젊은 관료는 커피 묘목과 씨앗을 심어 정성껏 재배하였으며, 토양과 기후가 커피 재배에 적합한 환경으로 인하여, 커피나무는 잘 자랄 수 있었다. 이는 브라질 커피의 시작이 되었고, 세계 최대의 커피 생산국으로 발전하게 되었다.

6. 한국의 커피

'커피'는 영문식 표기 'Coffee'를 차용한 외래어이다. 커피가 한국에 처음 알려질 당시에는 영문 표기를 가차(假借)[2]하여 '가배'라고 하거나 빛깔과 맛이 탕약과 같이 검고 쓰다고 하여 서양에서 들어온 탕이라는 뜻으로 '양탕국'으로 불렸다.

우리나라에 처음 커피가 들어온 시기는 1890년 전후로 알려져 있다.

커피의 전파 경로에 대한 의견은 다양하다.

1888년 인천에 우리나라 최초의 호텔인 대불호텔의 다방에서 커피가 시작되었

---

2 어떠한 뜻을 나타내는 한자가 없을 때 뜻은 다르나 음이 같은 글자를 빌려 쓰는 방법

다는 설이 있으며, 1895년 발간된 유길준의 『서유견문』에는 커피가 1890년경 중국을 통하여 도입되었다고 기록된 것도 있다.

또한 1892년 유럽 제국들과 수호조약이 체결되면서 외국 사신들이 궁중에 드나들며 궁중과 친밀했던 앨런이나 왕비 전속 여의였던 '호턴' 등이 궁중에 전했을 가능성도 있다.

최초의 공식 문헌상의 기록으로는 1895년 명성황후 시해사건으로 고종황제가 러시아 공사관에 피신해 있을 때 러시아 공사 웨베르(Waeber)가 커피를 권했다고 전해져온다. 러시아 공사관에서 커피를 즐기게 된 고종황제는 환궁 후에도 덕수궁에 '정관헌'이라는 로마네스크식 회랑 건축물을 지어 그곳에서 커피를 마시곤 했다고 전해진다. 고종이 커피를 즐겨 마시게 되자 커피는 단지 왕실에서의 기호품으로만 그치지 않았고 중앙의 관료, 서울의 양반, 지방의 양반으로 점차 확대되어 일반화되기 시작하였다.

그 무렵 러시아 공사 웨베르의 추천으로 고종의 커피 시중을 들던 독일계 러시아 여인 손탁(Antoinette Sontag)은 옛 이화여고 본관이 들어서 있던 서울 중구 정동 29번지에 2층 양옥을 짓고, 손탁호텔이라고 이름을 지었다. 손탁 여사가 하사받은 왕실 소유의 땅 184평은 옛 이화여고 본관이 들어서 있던 곳이다. 이 손탁호텔에 커피점(다방)이 있었는데 이것이 한국 최초의 커피점이라 할 수 있다.

우리나라의 커피는 러시아를 통해서 커피가 들어온 것과 함께 일본을 통해 들어온 경로도 중요한 전파 경로이다. 을사조약 이후 한국으로 건너온 일본인들은 그들의 양식 찻집인 깃사탠(きっさてん)을 서울 명동에 차려놓고 커피를 팔기 시작했다. 일본인들은 명동, 종로 등지에 근대적 스타일의 다방을 열어 커피 사업을 본격적으로 시작하고 일본인 고객 외 그 시대의 지식인들과 문학가, 작가, 예술가들이 폭넓게 드나들 수 있는 만남의 장소로 활용하였다.

1940년대 이후 제2차 세계대전 무렵엔 커피 수입이 어려워지면서 대부분 다방이 문을 닫았다. 이미 커피 애호가가 되어버린 사람들은 고구마나 백합 뿌리, 대두 등을 볶아 사카린을 첨가하여 만든 음료를 마시며 커피의 금단 현상을 달래곤 했다.

1945년 해방과 함께 미군의 주둔이 시작되며 군용 식량에 포함되어 있던 인스턴트 커피는 우리나라 커피 문화 발전의 촉매제가 되었다.

인스턴트 커피의 대중화를 가져오게 된 또 하나의 계기는 다방(茶房)의 급격한 증가이다. 다방은 과거 일제시대의 지식인 계층이 주로 출입하며 정치와 사회를 논하던 장소에서 일반 시민, 대학생 등의 주요 약속 장소가 되었고, 제공되는 커피는 대부분 미군 부대에서 흘러나온 것이었다. 그 후 커피의 합법적인 유통 질서를 확립하고 외화 낭비를 막기 위하여 우리나라 자체적인 인스턴트 커피 생산을 시작하게 되었다.

1970년대 초 동서식품은 미국 회사와 손을 잡고 '맥스웰하우스'라는 브랜드를 만들고 커피를 생산하였으며 1970년대 후반까지 한국 커피 시장의 대부분을 점유하며 호황을 누렸다.

그 후 1976년 커피믹스의 개발과 자판기의 등장은 커피의 폭발적인 대중화의 시작이 되었다. 1980년대부터는 소비자들의 입맛도 점차 고급화를 추구하게 되었으며 이에, 동서식품은 고급 인스턴트 커피인 '맥심'을 개발하였고 카페인을 제거한 디카페인 '상카'를 제조, 판매하기 시작하였다.

1980년대 후반부터 원두커피 전문점이 등장하였는데, 압구정동의 '쟈뎅(Jardin)'이 시초였다. 그 후 '도토루', '미스터커피' 등 카페 형태의 커피전문점이 다방을 대체하기 시작하였다. 또한 인스턴트 커피 시장에도 두산그룹과 합작한 네슬레의 등장으로 맥심커피와 초이스 커피로 크게 양분화되었으며, 특정의 커피 애호가들은 인스턴트 커피에서 원두커피로 선호도가 옮겨가게 되면서 원두의 품질이 중요한 커피 소비의 기준이 되었고, 스타벅스의 출현을 계기로 커피전문점의 시대가 열리게 되었다.

1999년 ㈜스타벅스가 국내에 진출하여 이화여대 앞에 1호점을 연 것을 기점으로 국내 에스프레소 커피전문점의 시장 규모는 약 6,000억 원대로 확대되었으며, 현재 각종 프랜차이즈(Franchise) 가맹점에 무인주문기(Kiosk) 복합점까지 약 5,000곳 이상이 성업 중이다. 스타벅스, 커피빈과 같은 외국계와 파스쿠치, 엔제리너스, 할리스, 카페베네 등의 국내 업체들이 치열한 경쟁을 벌이고 있다.

2020년 이후의 국내 커피 시장 규모는 이미 2조 7,180억 원을 넘어선 것으로 추정되며 이 가운데 1조 원을 넘던 커피믹스는 7,879억 원으로 많이 감소했다. 커피전문점은 1조 6,000억 원 규모이고 나머지는 원두커피 완제품과 기계 및 원부자재 시장인 것으로 파악된다.

최근 국내 커피 시장의 급격한 성장과 함께 소비자들의 원두커피에 대한 안목도 매우 높아져 고급 원두커피를 찾는 수요가 확대되고 있다. 이에 발맞추어 국내 커피 업체의 고급화, 프리미엄화뿐 아니라 스위스, 이탈리아 등 해외 유명 커피 브랜드도 국내 커피 시장에 진출하고 있다.

최근의 새로운 현상은 간편하게 에스프레소 커피를 즐길 수 있는 캡슐커피 머신의 등장과 무인 카페, 로봇 카페 등이다. 스위스의 글로벌 식품기업인 네슬레 자회사인 네스프레소는 2007년 캡슐커피와 커피 판매기 제품을 국내에 도입한 후 매년 매출이 성장하고 있다. 캡슐 커피전문점으로 '블루보틀', '카페 이탈리코'와 세계적인 브랜드 '일리', '돌체' 외 다양한 상품이 있으며, 비싼 인건비와 원가절감을 위해 카페 경영인들은 무인카페와 로봇 카페로 눈을 돌리고 있다. 무인카페는 아파트 단지, 학원가 주변으로 확장되는 추세이고, 로봇 카페는 휴게소 등 사람의 왕래가 잦은 곳에 점점 늘고 있다.

무인카페

Ⅱ 커피나무와 재배 방법

1. 커피나무

커피나무는 꼭두서니과(Rubiaceae)에 속하는 쌍떡잎식물이다. 커피의 품종은 식물학적으로 60여 가지가 있으며, 대표적으로 아라비카(Arabica), 로부스타(Robusta), 리베리카(Liberica) 3품종으로 나뉜다. 아라비카(Arabica)종은 전 세계 산출량의 약 70%를 차지하고 있으며, 로부스타(Robusta)종은 약 30% 정도이다. 이에 비해 리베리카(Liberica)종은 겨우 1% 정도에 그친다. 커피나무의 코페아 'Coffea'는 아라비아 이름인 코파 'Coffa'에서 전해졌으며, '힘' 즉 활력'이라는 뜻이다.

2. 커피 열매

1) 커피 열매(Coffee Cherry)

커피(Coffee)란 커피나무 열매의 씨앗을 볶아서 만든 원두를 그라인더로 갈아서 다양한 추출 방법을 통하여 추출한 독특한 맛과 향을 지닌 기호 음료이다.

커피라는 용어는 커피나무의 열매, 씨앗, 그 씨앗을 껍질 벗긴 것, 건조한 생두, 볶은 커피, 커피 가루, 추출한 커피 모두 커피(Coffee)라는 용어를 사용한다. 즉, 열매부터 커피음료까지를 총체적으로 커피라 칭하며, 커피 열매를 커피콩(Coffee Cherry)이라 한다.

상태	명칭
커피나무의 열매	커피콩(Cherry)
커피나무 열매의 씨앗	파치먼트(Pachiment)
씨앗의 박피, 건조한 것	Green Coffee Bean
생두를 볶은 것	Roasted Coffee Bean/ Whole Bean
원두를 분쇄한 것	Ground Coffee, 분말커피, 커피 가루
분쇄한 커피를 물로 추출한 음료	Coffee

2) 커피 열매의 구조

커피 열매(Coffee Cherry) 속에는 '커피콩'이라 부르는 종자(씨앗)가 있다. 보통 두 개의 반원형 종자(Flat Bean)가 마주 보는 형태로 들어 있으며, 그 주변을 은피(Silver

Skin)라 불리는 얇은 막과 내과피(Parchment)라고 불리는 딱딱한 껍질이 한 번 더 감싸고 있다.

내과피 바깥쪽 부분이 과육(Pulp)이다. 과육은 익을수록 달지만 육질이 적어서 먹기에 적합하지 않다. 과육을 둘러싼 부분은 외피로 익을수록 붉은색을 띠는데 앵두처럼 잘 익은 빨간 열매를 커피콩(Coffee Cherry)이라고 부른다.

수확한 커피콩(Coffee Cherry)은 과육이 물러져 금방 상하기 때문에, 곧바로 종자를 추출하는 작업 즉 정제 과정을 거쳐야 한다.

● 커피 용어 정리

- **종자(Green Bean)** : 체리 중심 부분의 씨. 보통은 마주 보는 형태로 두 개의 씨앗이 들어 있다. 겉껍질을 벗겨낸 것을 생두, 또는 그린빈(Green Bean)이라고 한다.
- **과육(Pulp)** : 체리(Cherry)라고도 한다. 보통 앵두는 과육이 많고 씨가 적지만, 커피콩(Coffee Cherry)은 과육이 적어 앵두처럼 먹기는 힘들다. 그러나 과육 자체는 매우 달다.
- **은피(Silver Skin)** : 실버스킨이라고 한다. 씨를 감싸는 얇은 막으로 씨를 정제하거나 가공해도 일부는 겉에 남지만, 로스팅 과정에서 대부분 없어진다.
- **내과피(Parchment)** : 은피를 감싸는 딱딱한 껍질로 파치먼트라고 부른다. 산지에서는 저장고에 보관했다가 이것을 없앤 후 수출한다.
- **외피(Outer Skin)** : 체리의 바깥쪽 껍질이다.

● 생두(Green Bean)의 구성 순서

외과피(Outer Skin) → 과육(Pulp) → 내과피(Parchment) → 은피(Silver Skin) → 생두(Green Bean)

3. 커피나무 확산

커피 음용이 이슬람 세계에 확대되면서 예멘이나 에티오피아 카파지방에서 적극적인 재배가 진행되었다. 수확된 커피는 예멘 모카항을 중심으로 일부는 육로로 대부분은 홍해 항로를 따라 각지로 운반되었다.

1595년에 자바(Java)에 진출한 네덜란드는 1602년에 동인도회사를 설립하고 바타비아에 근거를 두고 재배 지역을 확보하였다. 생두를 모아서 바타비아(Batavia)[3]를 출발한 네덜란드 배는 도중에 아덴을 거쳐 현지 커피 거래가격을 조사하고 나서 본국으로 돌아와 예멘의 생두보다 낮은 가격으로 판매했다. 이렇게 해서 네덜란드는 유럽 커피 시장을 지배하게 되었다.

네덜란드는 예전부터 커피의 수익성에 관심이 있었다. 더 많은 수익을 위하여, 1616년에 네덜란드가 처음으로 예멘의 모카(MOKA)항으로 부터 직접 암스테르담으로 운반하고, 무역에 발 빠르게 움직였다. 모카에서 커피나무 한 그루를 본국으로 가져가 재배를 시도했지만, 결국에는 실패했다. 그러나, 꾸준한 노력으로 1658년 포르투갈로부터 빼앗은 실론섬에 커피나무를 옮겨 재배하였으며, 어려운 고비도 많았지만 마침내 성공하였다. 1663년부터는 유럽의 커피 수요 증가로 카이로나 레반토 지방에서 정기적으로 수입하게 되었다.

1708년 프랑스의 동인도회사는 모카로부터 인도양의 버번섬으로 이식을 시도하였지만 실패하였고 1715년에야 성공하였다. 버번섬의 커피나무에서 버번(Bourbon)종이 탄생하게 되었다. 또한 프랑스 정부는 1715년 파리 식물원에서 자란 나무를 서인도제도의 아이티나 산토도밍고에 이식했지만 성공하지 못했다. 그러나 노르망디 출신으로서 마르티니크섬에 농원을 가진 프랑스의 해병대사관 가브리엘 드 클리외에 의해 1723년에 성공하였다.

---

3   비옥한 땅으로 네덜란드 간척이 이루어지기 전부터 네덜란드 내륙 본토에 해당하던 지역이다.

프랑스는 1740년 자바(Java)에서 필리핀(Philippine)으로, 1825년에는 브라질에서 하와이로, 1887년에 인도네시아로부터 커피를 도입했다. 에티오피아 이외의 아프리카 지역의 커피 재배는 1878년에 영국이 모카에서 말라위로, 1893년에는 케냐에서 도입하고, 1901년에는 레위니옹섬에서 동아프리카로 도입되었다.

브라질에서는 1762년 인도의 고아로부터 리오데자네이로(Rio de Janeiro)에, 1770년에는 파라에서, 1774년에는 수리남에서 각각 커피나무가 도입되어 1820년경에는 브라질에서의 커피 생산이 번창하였다.

1861년 우간다와 에티오피아에서 발생한 곰팡이에 의한 사비병은 1868년에 실론(스리랑카)과 마이소올에 전염되어 마이소올에서는 순식간에 전멸하고 그 후 실론에서도 1890년경에 커피나무가 전멸했다. 실론은 커피나무를 모두 뽑아내고 홍차 재배로 바꾸었다.

현재 마이소올에서 커피 재배는 영국에 의해 부활한 것이다. 사비병은 1878년에 자바로 확대되어 동인도제도의 커피 생산에 큰 타격을 받았지만, 아라비카종 나무를 모두 뽑아내고 사비병의 저항성 품종인 로부스타종으로 바꿈으로써 커피 생산국으로서 다시 회복되었다. 현재 인도네시아 커피의 90% 이상이 로부스타(Robusta)종이다.

4. 커피나무 재배 환경

1) 기후

강우량, 일조량, 기온 그리고 그 외의 다른 환경적 요소들은 커피나무의 성장과 맛에 영향을 준다. 하루 중 평균기온은 아라비카종의 경우 18~22℃ 정도, 로부스타종의 경우에는 22~28℃가 적당하다.

강우는 연중 강수량이 아라비카종의 경우 1,400~2,000mm 정도, 로부스타종의 경우에는 2,000~2,500mm 정도가 필요하다. 일조량은 적당하게 필요하지만, 아라비카종은 강한 일사나 불볕더위에 약하기 때문에 어떤 조건이라도 하루 중 서리가 내리지 않는 지형, 낮과 밤의 기온 차가 큰 지형이 바람직하다. 환경 적응력이 좋은 로부스타종은 낮은 지형에서도 잘 자란다.

2) 토양

토양은 커피나무가 자라면서 생두의 풍미에 큰 영향을 미친다. 커피 재배에 적합한 토양은 유기성이 풍부한 화산 석회질, 어느 정도 습기가 있는 배수가 좋은 토양이라고 할 수 있다. 아라비카종은 비옥한 토양에서, 로부스타종은 어떤 토양이라도 잘 자란다.

토질은 커피 맛에 미묘한 영향을 끼친다. 산성이 강한 토양에서 수확된 커피는 신맛이 강하다. 또한 브라질의 리우데자네이루 주변의 토양은 요오드 향이 강하고 수확할 때 과실을 지면에 흩어놓기 때문에 리오 향이라고 하는 독특한 향이 난다. 자메이카의 풍요로운 화산성 토양이 만들어 낸 커피의 맛과 석회질 또는 모래와 같은 성질의 예멘의 토양이 만들어 낸 커피의 맛은 서로 같은 종의 나무임에도 불구하고 매우 다르다.

3) 지형과 고도

아라비카종은 고온다습하지 않고 서리가 내리지 않는 고도 1,000~2,000m의 경사면에서 재배된다. 고지대의 경우 커피나무의 열매는 서서히 숙성되면서 열대 특유의 강한 일사량과 조화를 이루어 특유의 풍미를 만들어 낸다. 고도 1,000m 이하의 저지대에서는 환경 적응력이 좋은 로부스타종이 재배되고 있다.

그러나 반드시 고지대에서 재배된 콩(Bean)이 고품질이며, 저지대의 콩이 저품질이라고 할 수는 없다. 적절한 기온과 강수량, 토양, 밤낮의 온도 차 등의 기상 조건으로 고품질의 커피가 얻어지는 일도 있기 때문이다. 고도는 등급을 경정하는 판단 자료로 보아도 된다. 즉, 고도도 중요하며, 해당 산지의 독특한 지형이 지닌 기상 조건도 중요하다.

4) 농업기술

생두가 지닌 모든 것을 이끌어내는 데에는 농경 기술(Farming Standards)이 매우 중요하다. 수확시기의 결정, 가지치기, 물 주기, 비료 주기, 노후된 나무의 교체 등과 같은 재배 과정에서 사용되는 농경 기술들은 생두의 품질을 좌우한다.

5. 커피나무 재배 방법

1) 종자 심기

열매는 지름 1~1.5cm 정도의 구형으로 맛이 달콤한 과육 안쪽에 두 쪽의 반원형 종자가 마주 보는 모양으로 들어 있다. 마주 보는 면이 평평해 플랫 빈(Flat Bean)이라고 한다.

전체 생산량의 약 5% 정도는 한쪽 씨만 둥근 모양으로 자라는 경우가 있는데 이를 피베리(Peaberry)라고 부르며, 한 개의 체리 속에 3개의 콩이 나오는 경우가 있는데 이를 트라이 앵글러(Triangular)라고 부른다. 파치먼트(Parchment)를 벗겨낸 종자를 생두(Green Bean)라고 하는데, 파종할 때는 파치먼트를 벗기지 않은 상태로 심는다.

2) 묘목 키우기

많은 농가와 농원들은 물이 이용하기 쉽고 배수가 잘되는 곳에 흙을 쌓아 묘상(苗床)을 만들고 거기에 1~2cm 깊이로 종자를 심는다. 요즘에는 작은 플라스틱 화분을 사용하는 곳도 많다. 종자를 심은 후 30~50일이 지나면 싹이 트는데 발육 상태가 좋은 것만을 골라낸다. 발아에 알맞은 온도는 28~30℃이며 새싹은 뙤약볕이나 강풍, 강우에 약하기 때문에 그늘을 만들고 발육 상태에 맞춰 일조량을 조절해 주어야 한다. 그리고 5~6개월 후 50cm 정도로 성장한 묘목을 밭에 옮겨 심어 나무가 자리를 잡아 잘 자랄 수 있도록 도와준다.

3) 비료 주기

식물이 자라면서 필요한 양분은 질소(N), 인(P), 칼륨(K)이며, 이를 비료의 3요소(다량 원소)라고 한다. 질소는 잎, 가지, 줄기 등 뿌리의 발육에 영향을 주며 수확량을 좌우한다. 인산은 꽃과 열매에 필요하며 특히, 어린 묘목이 열매가 맺히는 초기 단계에 필수적이다. 칼륨은 커피체리가 자라는 데 아주 중요한 양분이다.

대부분 우기에 비료를 주고, 건기에는 나무를 자극하지 않기 위해 비료를 주지 않는다. 종자를 빼낸 커피체리에 계분(鷄糞)을 섞어 비료를 만드는 경우도 있으며 일반적으로 비료를 주지 않으면 단기간에 마른 땅이 되어 수확량이 줄어든다.

4) 셰이드 트리(Shade Tree)

주로 콩과의 식물처럼 나무와 공존할 수 있는 나무가 셰이드 트리로 심기에 바람직하다. 셰이드 트리를 심으면 커피나무에 닿는 강한 햇볕을 막아 밭 전체의 온도를 조절할 수 있기 때문에 매해 일정한 양의 커피 수확을 기대할 수 있다. 또한 셰이드 트리는 바람과 서리 등으로부터 커피나무를 보호해 커피나무의 수명을 늘리는 역할도 하며, 잡초의 번식을 억제하는 등의 효과도 있다. 중미를 중심으로 콜롬비아, 탄자니아 등 많은 산지에서 셰이드 트리를 심는다.

5) 김매기

나무 주변의 잡초를 뽑거나, 자라지 못하도록 방해하는 작업이다. 잡초는 생육이 왕성하여 커피나무에 필요한 영양분까지 다 빨아먹기 때문에 건기에는 커피나무의 수분 결핍을 초래하는 원인이 된다. 때문에 멀칭(Mulching)이나 사이짓기 작물로 햇볕을 가려 잡초를 죽게 하는 방법을 사용하기도 한다.

6) 멀칭(Mulching)

일부 산지에서는 우기가 돌아오기 전에, 커피나무에서 쳐낸 가지와 셰이드 트리의 낙엽 등으로 밭을 덮는 멀칭을 실시한다. 이는 보습성, 배수성, 지온 유지 등의 효과가 있으며 김을 맨 밭보다 멀칭한 밭이 직사광선이 잘 닿지 않아 수분 증발과 지온 상승을 피할 수 있다. 또한 기온이 낮아지면 부식이 진행되어 커피나무에 양분이 공급된다. 부식은 미생물과 지렁이 등이 활발하게 활동하며 유기물을 이산화

탄소, 물, 암모니아, 인, 칼슘 등의 무기질로 분해하는 것으로 이때 생기는 부식물
이 식물의 에너지원이 되어 커피 수확량이 늘어난다.

7) 물 주기

꽃이 피고, 꽃이 지고, 커피체리가 열리며 자라는 시기에는 안정된 강우량이 필
요하다. 강우량이 적은 해나 건기가 오래 지속되는 산지에서는 관개 시설을 확보하
는 것이 중요하다. 물이 부족하면 얕은 땅에 퍼져 있는 커피나무는 가는 뿌리가 양
분을 흡수하지 못해 수확량이 줄어들기 때문이다.

8) 가지치기

커피나무는 가지치기를 해주지 않으면 수확 연수가 7~8년으로 줄며 생산성이
떨어진다. 커피나무 열매가 열린 자리에는 다시 꽃이 피지 않기 때문에 시간이 지
남에 따라 열매 열리는 자리가 점점 줄어드는 것이다. 그래서 고안된 작업이 가지
치기이다. 수확이 끝난 뒤 곧바로 땅에서 약 30cm 정도 높이로 줄기를 비스듬하게
잘라주면 된다. 그러면 줄기에서 옆으로 가지가 자라는데 이를 본관으로 두고 불필
요한 싹을 잘라주고 잘 자란 가지만 남겨 양분을 집중시킨다. 오래된 커피나무는
2~3m 정도의 크기를 유지시키기 위해 5~7년 주기로 가지치기를 해 주어야 한다.
이는 수확의 편의성을 유지하기 위해서이다.

9) 꽃

커피나무를 심은 지 2년 정도 지나면 꽃이 피기 시작하는데, 꽃잎은 흰색이며
가지 부분에 여러 개가 한꺼번에 피고 크기는 2~3cm 정도이다. 꽃은 보통 암술
한 개와 수술 다섯 개로 이루어져 있으며 개화 기간은 일주일 미만이며, 재스민(Jas-

mine) 향과 유사한 냄새가 아주 강하게 난다. 꽃잎은 아라비카(Arabica)종은 5장, 로부스타(Robusta)종은 5~7장으로, 꽃이 피었다가 지는 기간은 약 한 달 정도이다. 수정되면 꽃밥(Anther)이 갈색으로 바뀌게 되며 이틀 후 꽃이 지면 씨방 부분이 발달하게 되어 열매를 맺게 된다.

10) 수분과 수정

수분[4]은 꿀벌이나 바람에 의해 이뤄진다. 같은 나무의 꽃가루가 같은 나무의 꽃에 수정되는 것을 자가 수정이라고 하고, 다른 꽃의 꽃가루가 붙어서 수정되는 것을 타가 수정이라 한다. 아라비카(Arabica)종은 자가 수정으로 열매를 맺게 되며, 로부스타(Robusta)종은 타가 수정으로 열매를 맺는다. 우기와 건기가 분명한 산지에서는 본격적으로 우기가 시작되기 직전 일제히 꽃이 핀다. 비가 불규칙하게 내리는 곳에서는 개화 시기도 불규칙하다.

11) 커피 체리(Coffee Cherry)

꽃이 핀 뒤 7개월 전후로 녹색의 둥근 열매가 열리고 이것이 더 자라 노란색 또는 붉은색, 보랏빛이 도는 짙은 붉은색으로 변하면서 익는다. 열매의 외관이 앵두 같아서 체리(Cherry)라 부르기 시작했다. 다 익은 커피 체리(Coffee Cherry)는 은은하게 달콤한 맛이 나는데, 과육이 적어 식용으로는 부적합하다. 커피 체리는 너무 익으면 검은빛이 도는 붉은색을 띠는데, 그 전에 수확해야 한다.

---

4 꽃가루의 수컷에서 동일하게 또는 다른 꽃의 암컷으로 이동하는 과정, 꽃이 피는 식물에서만 일어나는 현상

12) 수확시기와 방법

생산지에 따라 기상 조건이 다르기 때문에 연중 지구상 어딘가에서는 커피콩을 수확하고 있다고 생각하면 된다. 수확시기는 북반부의 경우 10월에서 2월 전후, 남반구는 5월에서 9월 전후이다. 북반구와 남반구 사이에 걸쳐 있는 콜롬비아에서는 연중 내내 커피 수확이 이루어진다.

보통 나무 한 그루에서 세 번에 나누어 수확하는 것이 좋다고 한다. 다 익은 열매를 한 알 한 알 손으로 따는 것이 이상적인 방법인데, 수확량 확보를 위해 효율성을 우선시하다 보면 아직 덜 익은 녹색 열매가 섞이는 일도 있다. 기술이 좋은 농장에서는 최대한 잘 익은 열매만을 수확하기 위해 최선의 노력을 기울인다. 가지를 손으로 훑어서 따는 방법은 덜 익은 콩이 섞일 가능성이 커 바람직하지 않다. 키가 큰 나무를 흔들어 열매를 떨어뜨리거나 너무 익어 떨어진 열매를 줍는 방법도 전반적으로 콩의 품질을 떨어뜨리기 때문에 좋지 않다.

커피 품종과 수확, 가공

1. 커피의 품종

⑤ 국제커피협회의 분류

품종		생산지
아라비카(Arabica)	마일드(Mild)	콜롬비아, 탄자니아, 코스타리카 등
	브라질(Brazilian)	브라질, 에티오피아 등
노르웨이		인도네시아, 베트남 등

1) 코페아 아라비카(Coffea Arabica)

최초의 아라비카(Arabica) 원종은 에티오피아 서쪽의 카파(kaffa) 지역에서 발견되었다. 아라비카종(Arabica)은 고온다습한 환경에 약해 비교적 해발 고도가 높은 서늘한 지역에서 재배되고 있다. 또한 비옥하고 배수가 좋은 토양에서 잘 자란다. 아라비카종

(Arabica)은 적은 양의 카페인을 함유하고 있으며, 미묘한 풍미를 지닌 복합적인 맛이 특징인 고품질의 커피이다. 아라비카(Arabica)의 주요 품종은 티피카(Typica), 버번(Bourbon), 카투라(Caturra)이며, 자연변이나 교배에 의해 생긴 품종이 많다.

(1) 코페아 아라비카종의 특징

- 고지대에서 재배하기에 적합하다.
- 잎곰팡이병이나 탄저병 등 병충해에 약하다.
- 산미와 풍미가 좋으며 스트레이트로 마시기에 적합하다.
- 재배지: 브라질, 콜롬비아, 중앙아메리카, 동아프리카 등

(2) 코페아 아라비카종의 종류

① 티피카(Typica)

예멘 지역에서 네덜란드인들에 의해 전파되어 카리브해의 마르티크섬에 옮겨진 것으로 추정된다. 세계에 넓게 재배되고 있어 많은 교배종이 생겨나고 있다. 질병과 해충에 취약하며 비교적 수확량이 적다. 나뭇잎의 끝부분이 구릿빛을 띠는 특징이 있으며, 생두의 모양은 가늘고 끝이 뾰족한 타원형이다.

② 버번(Bourbon)

아프리카 에티오피아로부터 버번(Bourbon)섬에 전해진 커피나무이다. 티피카(Typica)와 함께 2대 재배품종으로 알려져 있다. 버번종은 고도 1,100~2,000m에서 가장 잘 자라며, 나뭇잎의 모양이 다른 종에 비해 넓은 편이다. 티피카종보다 30% 정도 더 많은 생산량을 보인다. 열매는 빨리 익지만, 비나 바람에 의해 쉽게 떨어져 관리가 어렵다. 생두는 작고 둥근 직사각형의 형태이며, 센터 컷은 S자형으로 단단

하며, 달콤하고 풍부한 향을 가진 품종이다.

③ 카투라(Catura)

버번(Bourbon)의 돌연변이종으로 브라질에서 발견되었다. 좋은 품질과 높은 생산량을 위해서는 세심한 관리가 필요하며, 질병과 풍해에 강하게 개량되었다. 중미 커피 생산국의 주요 품종이며, 생두는 버번과 닮았지만, 한쪽 끝이 조금 튀어나와 삼각형에 가까운 형태를 하고 있으며, 크기는 작고 단단하다.

④ 블루마운틴(Blue Mountain)

자메이카에서 가장 많이 나는 특별한 블루마운틴종으로 정확한 유래는 알 수 없지만 티피카(Typica)에 가깝다. 기다란 모양의 생두로 엄청난 풍미를 지니고 있으며, 질병 저항력이 우수하다고 알려졌지만, 다른 산지에서는 잘 자라지 못한다. 블루마운틴은 고도 1,500m 이상에서 가장 잘 자란다.

⑤ 카티모르(Catimor)

티모르 하이브리드와 카투라의 교배종으로 1950년 포르투갈에서 아라비카(Arabica)와 로부스타(Robusta)가 섞인 종으로 개량되었다. 커피잎녹병에 강하고 중간 정도의 고도에서 잘 자라며 많은 수확량을 보인다. 동남아시아와 중국에서 많이 재배되고 있으나, 비료 및 재배 원가가 많이 들며 수명이 짧다.

⑥ 카투아이(Catuai)

브라질에서 1950~1960년대 인공 개발된 종으로, 현재 브라질, 중미의 주 생산 품종으로 자리 잡았다. 바람에 대한 저항력과 견고함을 지니고 있어 바람이 많은 환경에서 잘 자란다. 열매의 색은 붉은색, 짙은 보라색, 노란색이다.

⑦ 마라고지페(Maragogipe)

브라질에서 자연적으로 나타난 돌연변이로 티피카(Typica)종에서 파생되어 마라고지페(Maragogipe) 도시 근처 재배지에서 발견되었다. 고도 600~770m에서 잘 자라며 수확량이 많지는 않다. 생두의 크기가 커 코끼리콩(Elephant Bean)으로 불리기도 한다.

파카마라(Pacamara)종은 마라고지페와 파카(Paca)종의 혼합종으로 생두의 크기가 크고 훌륭한 아로마와 풍부한 맛을 보인다. 게이샤(Geisha)종은 에티오피아에서 마라고지페(Maragogipe)의 혼합 종으로 콩은 가늘고 길며 개성적인 풍미를 지니고 있다.

⑧ 티모르(Timor)

1860년대의 커피 마름병이 번지던 때에 인도네시아 티모르(Timor)에서 발견된 카티모르(Catimor)종의 변종이다. 아라비카(Arabica)와 로부스타(Robusta)의 혼합 종으로 아라비카의 장점과 로부스타의 장점이 결합 된 품종이다. 그러나, 아라비카의 맛과 향에는 미치지 못하여, 아라비카로 변장한 로부스타로 여겨지기도 한다.

⑨ 문도 노보(Mundo Novo)

1950년경부터 브라질 전역에서 재배되기 시작하여 현재는 카투아이(Catuai)와 함께 브라질의 주력 품종이다. 버번(Bourbon)과 수마트라(Sumatra)종의 자연 교배종이며, 환경 적응력이 좋고 병충해에 강하다. 신맛과 쓴맛의 균형이 좋아 이 품종이 처음 등장했을 때 장래성을 기대하여 문도 노보는 '신세계'란 뜻의 이름이 붙여졌다.

⑩ 켄트(Kent)

인도 마이소르(Mysore) 지역 켄트 농장에서 발견되었으며, 티피카(Typica)의 변종이다. 생산성이 높고 병충해, 특히 녹병에 강하다.

2) 코페아 카네포라(Coffea Canephora)

아프리카 콩고에서 발견되어 로부스타(Robusta)라는 상품명으로 더 잘 알려진 카네포라종은 아라비카(Arabica)종보다 더 높은 기온에서 잘 견디며 고온 다습한 환경에도 적응을 잘하여 어떤 토양에서도 재배할 수 있다. 또한, 병충해에도 강해 주로 동남아시아 지역의 저지대에서 많이 재배되고 있다. 저지대에서는 광합성보다는 식물의 호흡작용이 더욱 활발하다. 호흡작용이 활발해지면 광합성에 의해서 생성된 당분과 다른 성분들이 향이나 맛에 관여하기보다 씨앗 조직을 형성하는 데 더 많이 이용된다. 이런 재배 조건 때문에 상대적으로 아라비카종보다 향이 약하고 신맛보다는 쓴맛이 더 난다.

커피를 볶은 뒤 추출하면 묵직한 맛과 함께 옥수수차와 같은 구수한 향이 난다. 느낌은 더 우수하며, 커피를 입 안에 머금었을 때 바디도 강하게 느껴진다.

로부스타종은 대체로 캔 커피나 인스턴트 커피에 많이 사용된다. 아라비카종에 비해 가격이 훨씬 저렴하기 때문이다. 또 쓴맛이 강하고 질감이 좋은 로부스타 고유의 특성과 큰 연관이 있다. 카페인의 함유량은 아라비카종이 약 1.5% 전후인데,

로부스타종은 평균 3.2% 전후로 높은 것이 특징이다. 생두의 모양은 굴러가기 쉬울 정도로 둥근 것이 특징이다.

(1) 코페아 카네포라종의 특징

- 병충해에 강하기 때문에 로부스타(Robusta: '강하다'라는 뜻) 종이라고 한다.
- 잎이 크고, 열매가 많이 열려 한 그루당 생산량이 많다.
- 카페인 등 수용성 성분이 아라비카(Arabica)종보다 많으며, 인스턴트 커피나 저렴한 블렌드용으로 사용된다.
- 재배지: 베트남, 인도네시아, 인도, 브라질, 서아프리카, 마다가스카르 등

(2) 아라비카종(Arabica)과 로부스타종(Robusta)의 비교

	아라비카(Arabica)	로부스타(Robusta)
원산지	에티오피아	콩고
재배환경	해발 1,000~2,000m 정도	평지와 해발 0~700m 사이
병충해 취약성	약하다	강하다
성장 속도	느리다	빠르다
향미	풍부	자극적이고 거칠다
적정 성장 온도	15~24℃	24~30℃
카페인 함유량	적다	많다-아라비카종의 2배 수준(1.7~4.0%)
전 세계 생산 점유율	약 70%	약 30%
나무 한 그루당 생산량	약 500g	약 1,000~1,500g
모양	길쭉하다	둥글다
용도	고급은 원두커피용(fancy coffee)	주로 인스턴트 커피 및 배합용

3) 코페아 리베리카(Coffea Liberica)

서아프리카의 리베리아(Liberia)가 원산지이며, 아라비카(Arabica)와 로부스타(Ro-busta)에 비해 병충해에 아주 강한 품종이다. 세계 수확량의 약 1%밖에 되지 않는 리베리카는 저지대에서도 아주 잘 자라는 특성 때문에 1870년대 녹병이 크게 번질 때 아라비카종의 대체 종으로 관심을 끌었던 품종이다. 그러나 리베리카의 풍미는 아라비카 커피에 크게 미치지 못하고 쓴맛이 강한 탓에 상품으로의 가치가 없었다. 수확량도 로부스타에 비교하면 매우 부족하여 시장에 내놓을 수준이 되지 못했다. 현재는 서아프리카 국가와 동남아시아 지역에서 적은 양이 재배되고 있으며, 주변 도시에서 거의 소비되며, 시장에서는 보기 힘든 종이다.

리베리카

2. 커피 수확

커피나무는 싹이 터서 수확하기까지 여러 단계를 거친다. 아라비카(Arabica)종 커피나무의 경우는 모판에서 만들어 땅에 이식하고, 로부스타(Robusta)종 커피나무의 경우 직접 땅에 씨를 뿌려서 나무를 키운다. 커피나무는 심은 지 약 2년이 지나면 꽃이 피고, 그 후 열매를 맺는다. 수확하는 데 걸리는 기간은 아라비카종의 경우 6~9개월이 걸리며, 로부스타종의 경우 9~11개월이 걸린다.

커피 열매는 같은 가지에 붙어 있는 열매라도 익는 속도가 달라서 붉게 익은 것부터 하나씩 손으로 수확한다. 산지나 품종에 따라 수확 방법이 달라지는데 열매가 익으면 지면에 천을 깔고 가지를 훑어 지면으로 떨어뜨리는 방법과 기계를 사용하여 수확하는 방법을 쓴다.

1) 피킹(Picking)

피킹은 농부가 허리에 나무로 엮은 바구니를 차고 잘 익은 커피콩(Coffee Cherry)만을 골라 손으로 수확하는 방법이다. 커피의 품질이 비교적 우수한 편이나 노동력이 많이 든다.

2) 스트리핑(Stripping)

커피나무의 가지를 훑어 내리면서 수확하는 방식으로, 건식법을 사용하거나, 로부스타(Robusta)종을 생산하는 나라나 대형 농장에서 주로 사용하는 방법이다.

수확 시 나뭇가지와 덜 익은 체리(Cherry)가 섞일 수 있어서 수확시기의 선택이 아주 중요하다. 수확한 체리(Cherry)의 품질은 균일하지 않지만, 비용은 줄일 수 있다는 장점이 있다.

3) 기계수확(Mechanical Harvesting)

기계수확은 기계의 봉이 커피나무를 움직이게 하여 체리(Cherry)를 수확하는 방법으로 인건비가 적게 들며, 수확 속도가 빠르다. 그러나, 잘 익은 체리와 덜 익은 체리의 선별 수확이 어렵고 나뭇잎과 가지 등의 불순물이 섞일 수 있다.

커피나무에 진동을 주어 커피콩을 떨어뜨리기 때문에 커피콩 외형의 손상을 유발할 수 있으며, 선별 수확이 어렵고 사용할 수 있는 지역이 한정적이라는 단점이 있다. 브라질과 하와이같이 인건비가 고가인 지역에서 주로 사용하는 방법이다.

ⓢ **커피 생산에 치명적인 병충해**

CBB (Coffee Berry Bore)	커피 열매 벌레로 스페인에서는 브로카(Broca)로 부른다.
CBD (Coffee Berry Disease)	커피 열매가 다 익기 전에 열매가 죽어 떨어지는 병으로 케냐, 동아프리카 지역에서 가장 큰 문제이다.
CLR (Coffee Leaf Rust)	1876년 수마트라, 1878년 자바, 1880년 아프리카, 1970년 브라질 그리고 중미로 번진 병이다. 녹병이라 불리며, 주로 아라비카 품종에서 많이 발생하며 스리랑카에서 1869년에 발견되었다. 스리랑카는 최대의 커피 재배생산국이었으나 이 녹병으로 인해 커피나무가 대부분 죽게 되었다. 이후 스리랑카는 차(Tea)를 재배하기 시작해 지금의 최대 차(Tea) 생산국이 되었다.

3. 커피 가공

수확한 커피 체리(Coffee Cherry)에서 커피콩(Green Coffee Bean)을 얻기까지의 과정을 가공이라 한다. 이 과정을 어떠한 방법으로 하느냐와 얼마나 잘하느냐가 커피의 풍미나 품질에 결정적인 차이를 주기 때문에 재배지를 제외하고는 가장 기초적인 생두의 구분법이 된다. 수확한 커피콩은 가공하지 않은 상태로 두면 급속도로 변질된다. 그래서 커피콩 수확 후 2시간 안에 가공 과정에 들어가는 것이 좋다.

잘 익은 커피 체리는 일반적으로 수분 함유량이 65%를 넘지 않는다. 커피 가공에서 가장 중요한 목표는 커피 체리에서 생두를 분리해 내고, 잘 보존될 수 있도록 수분 함유량을 최대 12%까지 건조시키는 것이다.

가공 방법으로 가장 기본적인 내추럴(Natural) 방법과 워시드(Washed) 방법이 있다. 또한 브라질에서 개발한 펄프드 내추럴(Pulped Natural) 방법이나 인도네시아의 세미 워시드(Semi Washed) 방법이 있다.

1) 워시드 방법(수세식 가공법, Wet Method)

워시드 방법은 열매의 씨앗을 분리해내는 방법 가운데 가장 광범위하게 쓰이는 방식이다. 공정이 전반적으로 복잡하고 각 공정에 따른 설비가 필요하다. 과육이 제거된 상태로 건조되기 때문에 과육이 맛에 영향을 미치지 않아 맛이 뚜렷하고 잡맛이나 잡내가 없다. 아라비카(Arabica)종의 약 60% 내외가 워시드 방법으로 가공되고 있고 일부 로부스타(Robusta)종도 이 방식으로 가공한다. 다만 발효 과정과 세척 과정에서 체리 1kg당 약 120L의 물이 사용되기 때문에 환경오염의 우려가 있다. 일부에서는 프리미엄급 커피를 친환경적인 내추럴 방법으로 가공하는 경우가 늘고 있다. 콜롬비아, 하와이, 과테말라, 케냐 등지에서 주로 사용하는 방법이다.

(1) 이물질 제거 및 분리

커피콩을 수확한 후 가공공장으로 이동하여 물에 넣어 이물질을 제거하고 잘 익은 체리와 덜 익은 체리를 구분한다.

(2) 펄핑(Pulping)

잘 익은 체리를 펄핑 과정을 통해 껍질을 제거한다.

(3) 발효(Fermentation)

펄핑 과정이 끝나면 발효탱크로 이동하여 파치먼트에 남아 있는 점액질을 제거한다. 발효 시 발효탱크에서는 생두를 둘러싸고 있는 점액질의 생화학적 반응이나 가수분해가 일어난다. 이러한 반응은 커피체리 속의 효소(펙티나아제, 펙타아제)에 의해 일어난다. 발효 시간은 18~24시간 소요된다.

(4) 세척(Clean)

발효가 끝나면 물로 씻어내며 수로(Washing Channel)로 이동한다. 그 이유는 차가운 물로 발효 과정을 멈추게 하여, 발효 과정 후 콩에 남아 있는 점액질이 제거된다. 또한 세척수로를 통과하면서 생두 밀도에 따른 분류가 이루어진다.

(5) 건조

점액질이 제거된 파치먼트는 건조과정으로 들어간다. 건조 방식으로는 파티오 건조(Patio Drying), 체망 건조(Serene Drying), 기계건조(Mechanical Drum Drying)를 이용한다.

파티오 건조는 파치먼트를 바닥(땅 또는 시멘트)에 펼친 후 갈고리를 이용하여 섞어주며 골고루 건조시키는 방식이다.

체망 건조는 선반에 올려져 위와 아랫부분으로 공기가 잘 통하게 하여 건조하는 방식이다.

기계건조는 기계 드럼에 파치먼트를 넣고 60℃의 온도로 10시간 동안 건조하는 방법이다. 드럼 건조 시의 연료는 가공 후 나오는 파치먼트를 사용한다.

(6) 숙성

건조가 끝난 파치먼트는 숙성 과정을 거친다. 보통 20일 정도의 숙성기간을 갖는데, 이 과정은 커피의 신선도를 유지하고 결정하는 중요한 과정이다.

(7) 탈곡

탈곡 과정을 거쳐 파치먼트와 씨앗을 분리한다. 농장에 따라 남은 실버스킨(Silver Skin)을 더욱 깨끗하게 제거하기 위해 폴리싱(Polishing) 과정을 거치기도 한다.

2) 내추럴 방법(자연건조식 가공법, Natural Dry Method)

자연건조방식은 가장 전통적인 가공 방식이다. 오래전부터 전통적인 방식으로 커피를 가공해 온 지역이나 영세한 농가들 혹은 물이 부족한 지역에서 많이 이용한 방법이다. 에티오피아, 예멘, 인도네시아 등지에서 주로 사용한다.

먼저 나무에서 수확한 체리(Cherry)에서 나뭇잎이나 나뭇가지 등의 불순물을 제거한 다음 땅바닥이나 평상 등에 널어 건조시킨 후 껍질을 벗긴다. 자연 건조방식은 건조 과정에서 수분이 증발하며 과육 자체가 없어지기 때문에 마지막에 껍질만 벗겨주면 된다. 수세식에 비해서 상대적으로 필요한 설비와 공정이 간단하기 때문에 생산비용이 저렴하고 환경오염을 유발하는 요소가 없다는 점에서 주목받고 있다. 또 건조 과정에서 과육의 성분들이 생두에 스며들기 때문에 단맛과 풍미, 바디감이 좋아진다는 장점이 있다. 하지만 과육의 상태에 따라서 가공 후 생두의 색이 고르지 못할 수 있고, 과육이 가지고 있는 잡미나 잡내가 배어들기 때문에 품질이 떨어질 수 있다는 단점도 있다.

현재는 품질을 향상하기 위해서 균일하게 숙성된 커피체리(Coffee Cherry)만을 선별해서 가공하는 방식을 사용하기도 한다.

3) 펄프드 내추럴 방법(Pulped Natural Method)

수확 즉시 커피체리(Coffee Cherry)의 껍질을 제거하고 점액질이 붙어 있는 상태의 파치먼트를 그대로 건조한다. 그 후 마른 과육을 기계로 벗겨내어 커피콩을 얻는다. 이 가공 방법은 커피체리의 껍질을 제거하는 펄핑과정에서 미성숙 체리를 제거하는 것이 가능해 내추럴 방법에 비해 정제도가 높다. 점액질이 묻은 상태로 건조하므로 단맛과 과일 맛, 꽃향기가 특색인 커피를 얻을 수 있다.

● **수마트라(Sumatra)식 가공방법**

체리의 껍질을 제거하고 점액질이 묻은 파치먼트 상태의 생두를 충분히 건조하여 탈곡한다. 그 후 생두 상태에서 건조한다. 수확에서 건조까지 기간이 빠르며, 가공이 끝나면 씨앗은 청록색을 띈다.

4) 세미 워시드 방법(Semi Washed Method)

수확한 커피 체리(Coffee Cherry)를 물로 씻고 기계로 외피와 점액질을 제거한다. 다음으로 햇빛에 건조시킨 후 기계로 건조하여 마무리한다. 워시드 방법과 다른 점은 발효 과정을 거치지 않는다는 것이다. 품질은 내추럴 방법보다 안정적이다.

4. 포장과 보관

1) 포장

커피콩의 특성을 잃지 않고, 유지한 상태로 보관할 수 있어야 한다. 통기성이 좋아 장기간 보관이 가능해야 하며 황마나 삼베로 만든 자루에 포장하여 보관한다.

커피콩의 포장은 국가별 포장 단위에 따라 이루어지는데, 1자루(Bag)는 40kg, 60kg, 70kg 등 다양하지만, 국제 규격은 1Bag당 60kg이 기본이다. 보관 시에는 20℃ 이하의 온도와 커피콩의 수분 함유율에 따라 40~60%의 습도를 유지하여 커피콩의 손상을 막아 품질을 유지하도록 한다.

2) 보관

(1) 공기

커피는 공기에 아주 민감하다. 특히, 커피를 보관할 때에는 공기의 접촉을 완전히 차단해야만 조금이라도 보관시간을 늘릴 수 있다. 보관기간이 가장 짧은 것은 분쇄된 커피 가루가 공기 중에 노출되었을 때이다.

(2) 습도

커피는 습기를 잘 흡수하므로, 냉장고나 냉동고에 보관하기보다는 공기가 차단되고 습도가 적은 시원한 곳에 밀봉한 채로 보관하는 것이 좋다. 커피 퍽을 냉장고의 탈취제로 사용하는 까닭이 그 때문이다.

(3) 온도

커피는 보관온도가 높을수록 맛과 향이 떨어지고, 커피의 산화속도가 빨라진다. 밀폐된 보관 용기를 사용할 경우 유리병이나 뚜껑이 있는 박스보다는 종이나 알루미늄 등의 특수 소재로 만든 밀폐 포장이 더욱 좋다.

즉, 커피의 보관 장소로는 빛이 들지 않고 통풍이 잘되며 습기가 차지 않는 곳이 좋다.

IV 커피의 등급 및 분류

1. 커피의 분류

커피 생산국에서 수확한 커피의 분류기준은 각 생산국의 기준에 따르고 있다. 각 생산국의 규정된 분류기준은 생산자(판매자)와 사용자(구매자) 간에 커피의 유통 시 편리함을 위한 것이다. 일반적으로 분류의 등급을 부여하는 과정은 주관적인 기준인 맛보다는 얼마나 결함이 없는 커피콩인가에 비중을 두고 있다.

1) 재배고도

커피가 재배되는 고도에 따라 등급이 정해지며, 재배 고도에 따라 커피의 맛과 향에 영향을 준다. 높은 고도는 일교차가 커서 낮은 고도의 커피보다 밀도가 높아진다. 또한 낮은 고도보다 좀 느리게 성숙하며, 신맛이 더 강하고 맛과 향이 풍부하다.

◉ 생두의 재배 고도에 따른 분류

국가	Grade		생산고도(해발)
멕시코	SHG	Strictly High Grown	1700m 이상
	HG	High Grown	1000~1600m
온두라스	SHG	Strictly High Grown	1500~2000m
	HG	High Grown	1000~1500m
과테말라	SHB	Strictly Hard Bean	1400m 이상
	HB	Hard Bean	1200~1400m
코스타리카	SHB	Strictly Hard Bean	1200~1650m
	GHB	Good Hard Bean	1100~1250m

◉ 생두의 재배 고도에 따른 분류

Grade	(Defect Beans) 수	Cupping Test
Class 1 - Specialty Grade	0~5	90점 이상
Class 2 - Premiun Grade	0~8	80~89
Class 3 - Exchange Grade	9~23	70~79
Class 4 - Below Standard	24~86	60~69
Class 5 - Off-Grade	86 이상	50~59

2) 불량 원두

　자연적 가공 방법으로 커피를 생산하는 국가들에서는 불량 콩의 수에 따라 등급을 분류한다. 300g 커피 중에 포함된 불량 콩의 수에 따라 브라질은 No. 2~6, 에티오피아는 Grade 1~8, 인도네시아는 Grade 1~6으로 분류하고 있다.

◎ 커피의 불량 콩(Defect Coffee Beans) 수에 따른 분류(생두 300g 기준)

국가	결점 두(Defect Beans) 수	Grade
브라질	4~86개	No. 2~No. 6
인도네시아	11~225개	Grade 1~Grade 6
에티오피아	3~340개	Grade 1~Grade 8

3) 커피콩의 크기

커피콩의 크기에 따라서도 분류 등급이 나뉜다.

◎ 커피콩의 크기에 따른 분류표(1 Screen Size=1/64 inch=약 0.4mm)

Screen No.	Screen Size(mm)	국가	Grade	Screen No
10	3.97	Hawaii	Kona Extra Fancy	19
11	4.37		Kona Fancy	18
12	4.76	Kenya	AA	18
13	5.16			
14	5.55		AB	15~16
15	5.95	Tanzania	AA	18 이상
16	6.35			
17	6.75		A	17~18
18	7.14	Colombia	Supremo	17 이상
19	7.54			
20	7.94		Excelso	14~16

2. 생산지별 등급 및 분류

스트레이트(Straight) 커피콩에 붙여진 이름은 대개 생산지에 따라 정해진다. 생산지에 따른 명칭 이외에 커피 농장 이름이나, 가공법, 등급 등이 추가로 붙어 있다면 품질을 보증할 수 있는 커피라는 뜻이다.

대표적 산지 표시 커피는 자메이카 블루마운틴, 하와이안 코나, 과테말라 안티구아 등이 있으며, 주로 산지의 이름이 붙여진 커피는 명성이 높은 고품질의 커피이다.

수출 항구를 표시하는 커피도 있는데, 브라질의 산토스, 예멘의 모카가 유명하다. 커피나무는 적도를 중심으로 남, 북위 25도 사이의 열대 지역에서 생산되며 이 지역을 '커피벨트(Coffee Belt)' 또는 '커피존(Coffee Zone)'이라고 한다.

1) 중앙아메리카

열대에 속하는 이 지역은 두 개의 조산 지대가 만나는 지형으로 200여 개가 넘는 활화산과 휴화산, 그리고 고원지대로 이루어져 있다. 따라서 커피가 자라기에 최적의 토질과 기후 조건을 가지고 있어서 품질 좋은 커피들이 많이 나기로 유명하다.

이 지역은 강우량이 충분하고 물이 풍부해서 수세 가공을 많이 하고 있다. 지대의 특성상 고도가 높으므로 아라비카(Arabica)를 중심으로 재배한다. 일교차가 큰 고지대인 데다 화산의 영향을 받는 곳이 많아서 대체로 신맛이 좋고, 향기(Aroma)는 강하지 않은 편이며 향이 좋다.

(1) 자메이카

카리브해에 있는 자메이카는 연중 강수량이 고르고 토양의 물 빠짐이 좋아 커피 재배에 이상적인 환경을 갖추고 있다. 이곳에서 생산되는 커피는 신맛과 단맛, 향의 균형이 매우 잘 잡혀 있다. 높은 가격과 희소성 때문에 '커피의 황제'라고 불리지만 품질에 비해서 과대 평가되었다는 평도 있다.

(2) 멕시코

18세기부터 커피를 생산해 왔으며 커피 벨트를 벗어나는 북부를 제외한 남부 지방을 중심으로 재배가 이루어지고 있다. 국토의 많은 부분이 고산지대에 속하기 때문에 커피를 재배하기에 아주 좋은 조건을 갖추고 있다. 전통적으로 멕시코의 커피는 약한 바디와 드라이한 느낌, 깨끗한 산미 등을 가지고 있어서 가벼운 화이트와인에 비견되기도 한다. 수세식 처리를 한 아라비카(Arabica)종이 주로 생산된다.

ⓢ **멕시코 커피의 등급 분류**

등급		재배지 고도
SHG	Strictly High Grown	해발 1,700m 이상
HG	High Grown	해발 1,000m~1,600m
PW	Prime Washed	해발 700m~1,000m
GW	Good Washed	해발 700m 이하

(3) 쿠바

아시아와 유럽, 특히 일본과 프랑스에 생산량의 80% 정도가 수출된다. 신맛과 쓴맛의 조화가 매우 잘 잡혀 있다고 알려져 있다. 1800년대 초반에는 커피 농장이 2천 개에 달할 정도로 광범위하게 커피를 재배했으나, 이후 설탕 산업이 중심 산업으로 자리 잡고 정치적으로 불안정해지면서 재배가 많이 줄었다.

(4) 엘살바도르

토양이 비옥하고 국토의 많은 부분이 고산지대에 자리 잡고 있어서 커피 재배에 천혜의 조건을 가지고 있다. 좋은 산미와 잡맛이 없는 깨끗한 맛이 특징이다. 그동안 정치적으로 불안정하여 커피 애호가들에게 잘 알려지지 않았다. 그러나 2000년대에 접어들면서 오히려 불안정한 정치 상황 때문에 품종 개량이 이루어지지 않아 재래종을 기르고 있다는 점이 드러나면서 그 풍부한 맛으로 주목을 받고 있다.

(5) 파나마

파나마는 운하로 우리에게 익숙한 나라로 예전부터 좋은 품질의 커피를 생산해 오던 지역이다. 가벼운 바디와 달콤한 느낌이 특징이며, 재래종 커피를 중심으로 생산하면서 2000년대 들어 파나마에서 재배한 게이샤종의 명성이 높아지고 있다. 게이샤 이외의 커피도 품질이 높아 평이 아주 좋은 편이다.

(6) 과테말라

중앙아메리카 커피 가운데 가장 유명하다. 풍부한 강우량과 화산성 토양으로 커피 재배에 천혜의 조건을 가지고 있다. 산뜻한 산미, 좋은 바디감과 향 등 고급 커피가 지녀야 할 기본 조건을 충실히 갖추고 있다. 안티구아(Antigua), 우에우에테낭고(Huehuetenango) 등의 지역이 커피 산지로 유명하다.

등급		재배지 고도
SHB	Strictly Hard Bean	해발 1,400m 이상
HB	Hard Bean	해발 1,200m~1,400m
SH	Semi Hard Bean	해발 1,000m~1,200m
EPW	Extra Prime Washed	해발 900m~1,000m

PW	Prime Washed	해발 750m~900m
EGW	Extra Good Washed	해발 600m~750m
GW	Good Washed	해발 600m 이하

2) 남아메리카

커피 생산의 주류라고 할 수 있는 지역이다. 비옥한 토양과 좋은 강수 조건을 갖추고 있어서 품질이 좋은 커피를 생산하기에 적당하다. 오래전부터 많은 커피를 생산해 오고 있고 지금도 커피의 물량을 결정짓는 지역이다. 대부분 수세식 가공 아라비카를 중심으로 생산하고 물이 부족한 일부 지역에서는 자연건조 방식을 사용하기도 한다.

(1) 콜롬비아

쓴맛과 신맛이 강하고 품위가 느껴지는 커피이다. 특히 향기가 좋으며 '가난한 자의 블루마운틴'이라는 애칭 혹은 마일드 커피(Mild Coffee)의 대명사로 불린다. 품종은 배리드 콜롬비아(Varied Colombia)와 카투라(Cattura)를 중심으로 재배하고 있다.

등급	Screen Size(1 screen = 0.4mm)
수프레모(Supremo)	17이상
엑셀소(Excelso)	14~16
U.G.Q(Usual Good Quality)	13
Caracoli	12

(2) 페루

남미에서 유기농 커피를 가장 많이 생산하는 국가로 알려져 있다. 신맛과 단맛의 조화가 좋다.

(3) 볼리비아

정치적인 상황이 불안해 커피의 품종 개량과 수출이 많이 이루어지지 못했으나 커피 로스터들 사이에서 좋은 커피라고 입소문이 나 있다. 근래에 들어서 어느 정도 정치적으로 안정되면서 널리 알려지기 시작했다. 신맛이 강하고 향이 좋으며, 깨끗한 느낌을 주는 커피이다.

(4) 브라질

세계 커피 생산량의 1/3 이상을 차지하고 있는 나라이다. 부드러운 산미와 깊은 향, 적절한 바디감이 있어 블렌딩 베이스로 많이 쓰인다. 혀에 닿는 감촉이 부드럽고 균형이 좋다. 문도 노보(Mundo Novo)종이 생산량의 80%를 차지한다. 주요 브랜드명으로는 산토스(No. 2), 모지아나(Mogiana), 세라도(Cerrado), 미나스(Minas) 등이 있다.

ⓢ 결점두 수에 의한 분류(브라질엔 No. 1등급이 없다.)

등급	결점두(생두 300g당)
No. 2	4개 이하
No. 3	12개 이하
No. 4	26개 이하
No. 5	46개 이하
No. 6	86개 이하

ⓢ **맛에 의한 분류**

분류	내용
Strictly Soft	매우 부드럽고 단맛이 느껴짐
Soft	부드럽고 단맛이 느껴짐
Softish	약간 부드러움
Hard, Hardish	거친 맛이 느껴짐
Rioy	발효된 맛이 느껴짐
Rio	암모니아향, 발효된 맛이 느껴짐

3) 아시아

커피를 생산하는 아시아 지역은 강수량이 풍부하고 온도 분포가 고르다. 이런 기후 환경 때문에 다른 지역의 커피들과 달리 강한 무게감, 깊은 향, 그리고 부드러운 질감을 가지고 있어 많은 사랑을 받고 있다. 넓은 지역만큼이나 특색있는 표정을 가진 다양한 커피들을 만나볼 수 있다.

(1) 베트남

로부스타(Robusta) 생산의 중심국이다. 쓴맛과 아주 강한 무게감, 고소한 맛 등이 특징이다. 또 독특한 향을 많이 함유하고 있어 맛이 잘 변질되지 않기 때문에 맛의 형태를 인상적으로 만들고 싶은 에스프레소 블렌딩이나 가공 공정에서 향을 많이 잃어버리게 되는 인스턴트 커피 생산에 많이 사용한다.

(2) 인도네시아

인도네시아는 로부스타(Robusta)종이 많이 생산된다. 수세식 가공 로부스타는 WIB라는 이름으로 유명하다. 로부스타종이지만 무게(Body)감이 약하고 가볍다(Light)는 인상을 준다. 21세기에 접어들어서는 전통적인 자연 건조식으로 가공된 아리비카(Arabica)종의 커피가 전 세계적으로 관심과 주목을 받고 있다. 좋은 쓴맛과 탄탄한 무게감이 특징이다. 수마트라 만델링(Sumatra Mandheling), 자바(Java), 술라웨시 토라자(Sulawesies Toraja) 등의 브랜드가 유명하다.

등급	불량 커피콩 (생두 300g당)
Grade 1	11개 이하
Grade 2	12~25개
Grade 3	26~44개
Grade 4a	45~60개
Grade 4b	61~80개
Grade 5	81~150개
Grade 6	151~225개

(3) 인도

로부스타(Robusta)의 경우 초콜릿 향이 강하고 바디가 좋아 매우 선호되고 있으며, 수세 가공 로부스타(Robusta)와 자연건조 로부스타(Robusta) 모두 명성이 높다. 아라비카는 단맛과 약한 산미, 좋은 무게감이 특징이다. 몬순(Monsoon)의 경우 고온 고습에서 약하게 발효시켜서 산미가 억제되고 가공 공정에서 얻어진 독특한 맛이 난다. 이 맛 때문에 유럽 지역에서 에스프레소커피 블렌딩에 많이 쓰기도 한다. 아라비카(Arabica)는 수세 가공 중심으로 생산한다.

인도네시아 만델링

콜롬비아 안티구아 수프레모

탄자니아

(4) 동티모르

20세기 초에 커피나무에 발생하는 심각한 질병 중 한 가지인 녹병에 대항하기 위해서 개발되었던 품종인 티모르종이 주종이다. 약한 신맛과 쓴맛이 특징이다. 오랜 식민지 지배의 역사 때문에 생산 여건이 열악해 대체로 품질이 안정되지 않았다는 평가가 많다. 하지만 신생 독립국을 위한 지원과 공정 무역 지원을 받고 있어서 고품질의 커피 생산이 가능할 것으로 기대되고 있다.

(5) 중국

20세기 초부터 커피를 재배해 왔다. 특히나 윈난성의 경우 겨울에도 15도 이상을 유지하는 지역으로 커피를 재배하기에 최적의 조건을 갖추어 중국 커피의 80% 이상을 재배하고 있다. 윈난 커피는 바디가 풍부해서 향신료와 같은 자극이 있고, 에스프레소 혼합에 좋다는 평가를 받고 있다.

(6) 하와이

하와이는 충분한 강수량, 온도 그리고 화산재 지형 등 커피 생육을 위한 가장 최적의 조건을 지녔다는 평가를 받고 있다. 코나섬에서 재배되는 커피는 품질이 좋기로 정평이 나 있다. 고급스러운 신맛과 단맛 그리고 적절한 풍부한 맛을 갖추어 자메이카 블루마운틴, 예멘 모카 마타리와 함께 세계 3대 커피로 불린다. 철저한 품질관리가 이루어지고 있어서 품질이 고르고 좋다. 가격이 매우 높다는 것이 유일한 단점이다.

등급	Screen Size(1 screen=0.4mm)	불량 커피콩(생두 300g당)
Kona Extra Fancy	19	10개 이내
Kona Fancy	18	16개 이내
Kona Caracoli No.1	10	20개 이내
Kona Prime	No size	25개 이내

4) 아프리카, 중동

아프리카와 중동은 커피가 발견된 곳이자 커피 재배의 중심지이다. 이 지역에서 생산되는 수세 가공 아라비카(Arabica)는 대체로 신맛이 좋고 매우 향기롭지만 바디가 약하다. 자연 건조식 아라비카는 단맛과 풍부한 맛, 균형이 좋다. 향도 매우 좋으며 균형 잡힌 맛을 느낄 수 있다.

(1) 에티오피아

물이 부족한 북부 지역을 중심으로 자연 건조식으로 커피를 많이 생산한다. 일부 물이 풍부한 지역에서는 수세식 가공으로 커피를 생산하는데 고급 커피로 이름이 높다. 맛이 순수한 모카에 가깝고 신맛이 강한 편이다. 과일 향과 꽃 향도 강하다. 대표적인 커피로 예가체프(Yirgacheffe), 시다모(Sidamo) 등이 유명하다.

(2) 케냐

세계적으로 가장 유명한 커피 중의 하나로 신맛이 강하면서도 품위 있고 향미가 매우 좋아서 커피 애호가들에게 사랑받고 있다. 와인과 비견되는 커피이기도 하다.

등급	Screen size (1 Screen = 0.4mm)
E	18 이상
AA	17~18
AB	15~16
C	12~14
T	12 이하

(3) 탄자니아

쓴맛과 신맛이 잘 조화를 이루고 있다. 영국 왕실에서 애호하여 유명해졌던 커피 중의 하나이다.

(4) 예멘

커피의 대명사라고 해도 과언이 아닐 만큼 최고의 명성을 가지고 있는 커피이다. 모카(Moka)라는 이름으로 널리 알려져 있는데 이는 예멘의 커피 수출항 이름이다. 신맛이 매우 좋고 초콜릿 향으로 유명하다. 다만, 예멘에는 수출할 수 있는 커피가 생산되지 않는다.

3. 로스팅 정도에 따른 분류

- 그린 커피 빈(Green Coffee Bean): 아직 볶기 전의 커피향의 상태
- 라이트 로스팅(Light Roasting): 첫 번째 튐(1차 파핑)의 바로 앞까지의 볶음 상태
- 시나몬 로스팅(Cinnamon Roasting): 첫 번째 튐의 중간까지의 볶음 상태
- 미디엄 로스팅(Midium Roasting): 첫 번째 튐의 종료 뒤의 볶음 상태

• 하이 로스팅(High Roasting): 콩의 부피가 늘어난 후, 향이 변화하기 바로 앞까지의 볶음 상태

• 시티 로스팅(City Roasting): 향이 변화한 곳에서 두 번째 튐(2차 파핑)까지의 볶음 상태

• 풀 시티 로스팅(Full City Roasting): 두 번째 튐 뒤, 짙은 갈색이 되기까지의 볶음 상태

• 프렌치 로스팅(French Roasting): 색이 검은빛 가운데 아직 갈색이 남아있는 볶음 상태

• 이탈리안 로스팅(Italian Roasting): 거의 갈색이 없어지고, 짙은 검은색에 가까운 볶음 상태

4. 재배, 정제방법, 특허에 의한 분류

1) 디카페인 커피(Decaffeinated Coffee)

정제 과정에서 카페인을 제거한 커피

2) 유기농 커피(Organic Coffee)

재배 방법이 100%에 가까운 친환경적으로 재배된 커피로 재배 시 농약 등의 화학 물질을 쓰지 않고 정해진 규정에 따라 경작을 3년에 한해는 쉬는 등의 방법이 동원되는 참살이 커피이다.

3) 쉐이드그로운 커피(Shade-Grown Coffee)

자연적으로 큰 나무들에 의해서 그늘이 형성되어 친환경적인 재배 환경에서 생

산하는 방법으로 친화적 커피(Bird-Friendly Coffee)라고 불리기도 한다.

4) 페어트레이드 커피(Fair-Trade Coffee)

공정 무역 마크된 부착된 커피로서, 다국적 기업 등의 폭리를 취하는 면을 없애자는 취지로 만들어지게 되었다.

5) 에코 오케이 커피(Eco-OK Coffee)

무차별한 경작이 아닌 주변 자연의 생태계까지 보호·유지된 곳의 경작지에서 재배된 생태계유지 커피만이 인증서를 받을 수 있다.

6) 서스테이너블 커피(Sustainable Coffee)

생두를 생산하는 국가에서 벌목을 무분별하게 하고, 제초제, 살충제 등을 과다하게 사용하여, 생두의 품질을 저하시키는 행위를 억제하고자 생겨난 커피생산 시스템이다. 공정무역 커피, 유기농 커피, 셰이딩 커피, 열대우림 동맹 인증 등이 있다. 과도한 개발로 인한 부작용을 막고, 안정적인 생산 시스템을 만드는 것이 목적이다.

7) 동반관계 커피(Partnership Coffee)

농장주와 소비자(커피업자)의 서로의 신뢰를 바탕으로 한 파트너가 되어 소비자는 투자하고 질적 요구를 하며, 생산자는 그에 해당하는 성과에 따른 보상을 받기도 하는 서로 상부상조하여 항시 좋은 품질과 원하는 커피를 받는 방법으로 친분 커피(Relationship Coffee)라고 불리기도 한다.

발효커피   게이샤 커피   파나마

V 로스팅과 커핑

1. 로스팅

1) 로스팅(Coffee Roasting)

커피콩(Cherry)에서 얻어진 생두(Green Bean)는 커피를 마실 때 느낄 수 있는 향기로운 커피 향과 다양한 커피 맛을 가지고 있지 않다. 커피콩 자체는 풋내가 나며 매력이 없지만, 로스팅(Roasting) 과정을 거치면서 비로소 커피콩 속에 숨어있던 다양한 맛과 향이 표현되기 시작한다. 즉, 로스팅(Roasting)이란 커피콩이 가지고 있는 특징을 다양하고 세밀하게 표현하는 과정을 의미한다. 따라서 로스팅된 결과에 만족하기 위해선 생산지별 생두의 특징과 상태를 정확히 알아야 한다.

● 생두에서 추출하기까지

커피콩 Green Coffee Bean → **볶기** Roasting → **분쇄** Grinding → **추출** Brewing

2) 로스팅 방식

현재 가장 많이 사용하는 로스팅(Roasting) 방식은 직화 방식, 반열풍 방식, 열풍 방식으로 나누어진다. 로스팅 방식은 직화식의 형태에서 반열풍식으로 변해가고 있다. 소형 카페에서는 반열풍식을 사용하며 프랜차이즈 및 대기업에서는 열풍식을 이미 사용하고 있다. 이는 직화 방식보다는 열풍 방식이 더 안정적인 결과를 얻을 수 있기 때문이다. 로스팅(Roasting) 방식은 각각 장단점을 가지고 있어서 어떤 방식이 좋다고 단정하지 말고 자신이 여러 방식의 로스터를 사용하여 얻은 경험을 통해 선택하는 것이 가장 좋은 방법이라고 할 수 있다.

(1) 직화 방식

반열풍 방식, 열풍 방식과 다른 점은 드럼 겉면에 일정한 간격으로 구멍이 나 있으며 드럼 밑 버너에서 공급되는 열량이 드럼에 뚫린 구멍을 통해 100% 전달되는 방식을 말한다.

장점	단점
• 드럼 내부의 예열시간이 짧다. • 개성적인 커피 맛과 향을 표현할 수 있다. • 커피콩의 특징에 맞게 다양한 로스팅(Roasting) 방법이 가능하다.	• 균일한 로스팅(Roasting)이 어렵다. • 커피를 태울 수 있다. • 혼합 블렌딩(Blending)이 반열풍 방식에 비해 어렵다. • 외부 환경에 영향을 많이 받는다.

(2) 반열풍 방식

직화 방식과는 달리 드럼 표면에 구멍이 뚫려 있지 않으며 드럼 뒷면에 일정한 간격으로 구멍이 뚫려 있다. 일반적으로 공급되는 열전달이 드럼 표면으로 약 60% 정도 전달되며 나머지 40%는 드럼 뒷면을 통해 열풍으로 전달되는 방식이다. 현재 소형 로스터(Small Roaster) 중 가장 많이 사용하는 방법이다.

장점	단점
• 드럼 내부로 공급된 열량의 손실이 적다. • 균일한 로스팅(Roasting)을 할 수 있다. • 혼합 블렌딩(Blending)이 가능하다. • 커피콩 내부의 팽창이 쉽다. • 안정적인 커피 맛을 얻을 수 있다.	• 드럼 내부의 예열시간이 직화 방식에 비해 길다. • 개성적인 커피 맛을 표현하기가 직화 방식보다는 어렵다. • 고온 로스팅(Roasting) 시 풋 향과 비릿한 맛이 나타날 수 있다. • 저온 로스팅(Roasting)이 어렵다.

(3) 열풍 방식

반열풍 방식보다 더욱 안정적인 커피 맛과 향을 표현할 수 있는 방식이다. 직화 방식과 반열풍 방식은 드럼 아랫부분에 버너가 있으나 열풍 방식은 드럼 뒷부분에 위치하여 열풍으로만 드럼 내부에 열을 전달하는 방식을 말한다.

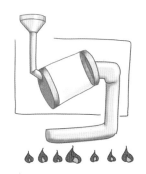

3) 로스팅 시 꼭 필요한 작업

(1) 핸드 픽(hand pick)

커피콩의 생산지 환경과 가공시설, 분류 방법에 따라 불량 콩(Defect Coffee Bean)이 발생하게 된다. 건조가 끝난 커피콩에서 발견할 수 있는 불량 콩은 다양하다. 불량 콩의 종류에 따라 커피의 맛과 향에 영향을 주기도 하고 영향을 주지 않기도 한다. 따라서 불량 콩을 골라내는 핸드 픽 과정은 로스팅하기 전 꼭 해야 할 사항이다.

⑤ **커피 맛에 영향을 미치는 대표적인 불량 콩**

Black Coffee Bean(Sour)	커피콩의 색이 검게 변한 것을 말하며, 주로 나무에서 떨어진 체리 내에 들어있던 콩이 시간이 지남에 따라 검게 변한 것을 말한다.	
Cut, Broken, Chipped Bean	생두의 외관이 부서지거나 플랫 빈의 형태가 아닌 것을 말한다.	
Immature Bean	미성숙한 커피콩으로 덜 익은(녹색의) 체리에서 수확한 커피콩을 말하며 크기가 작고 표면이 주름진 짙은 녹색을 띤다.	
Insect Demage Bean	벌레 먹은 커피콩을 말하며, 외관에 구멍이 나 있고 커피콩의 무게가 가볍다.	
Moldy Bean (Fungus)	곰팡이가 핀 커피콩을 말하며, 건조가 잘 되지 않았거나 보관 중에 습기가 높은 곳에 보관된 커피콩에서 주로 발생한다.	

Quaker Bean (Stinker, Floater)	마일드종이 세척 과정 중에 수조 또는 이송관 내에 지나치게 장시간 머물러 발효가 진행되어 커피콩의 색이 다소 붉게 변한 커피콩을 말하며 주로 미성숙 커피콩과 성숙한 커피콩에서 주로 발생한다.	
Shell Bean	영양결핍으로 제대로 성숙하지 못해, 정상적인 형태를 하지 않고, 조개 모양을 한 커피콩을 말한다.	
Spotted Bean	외관이 일정하지 않고 얼룩진 커피콩을 말하며 부분적으로 발효가 일어나 대부분으로 향미가 바람직하지 않다.	
White Bean	수확 후 오랜 기간 방치되어 커피콩 고유의 빛깔을 잃고 흰색으로 탈색된 것으로, 주로 Old Crop에서 나타난다.	
Withered Bean	커피콩이 제대로 성숙하지 못하고 체리 내에서 시들어버려 외관이 매우 주름지고 검정에 가까운 녹색을 띤다.	

(2) 커피 품종 구분하기

아라비카(Arabica) 품종은 다양한 맛과 향을 지니고 있어 품종에 대한 구분이 중요하다. 로스팅 전의 블렌딩일 경우 맛과 향은 물론 밸런스를 잘 맞추어 보다 나은 결과를 얻기 위하여 꼭 알아야 한다.

● **대표적인 품종에 대한 맛과 향의 특징**

- **티피카(Typica)**: 풍부한 아로마(Aroma)와 깔끔한 신맛(Acidic)을 가지고 있는 품종
- **버번(Bourbon)**: 맛과 향의 균형감(Balance)이 있고, 바디(Body)감이 느껴지는 품종
- **카투라(Catura)**: 과일에 가까운 상큼한 신맛과 중간 정도의 바디(Body)감을 가진 품종
- **문도노보(Mundo Novo)**: 아로마(Aroma)는 약한 편이며 부드러운 향을 가진 품종
- **카투아이(Catuai)**: 아로마(Aroma)는 약하며 부드러우나 뒷맛이 쓴 품종

(3) 수확 연수 확인하기

① 뉴 크롭(New-Crop)

수확한 지 1년이 안 된 커피콩을 의미한다. 색은 블루 그린(Blue Green), 그린(Green)이 있으며 풋 향과 매운 향이 강하게 난다.

② 패스트 크롭(Past-Crop)

수확한 지 1년에서 2년 정도 된 커피콩을 의미한다. 색은 옅은 그린(Light Green) 정도 되며 건초 향, 마른 풀냄새가 난다.

③ 올드 크롭(Old-Crop)

수확한 지 2년이 지난 커피콩을 의미한다. 색은 흰색(White) 또는 옅은 노란색(Light Yellow)이 있으며 매운 향이 나거나 아무 향이 나지 않는다.

◉ **수확 연수에 따른 원두 구분**

수확 연수	색	수분함량	생두 향	투입 온도
뉴 크롭	블루그린~그린	13% 이하	풋 향, 매운 향	높게
패스트 크롭	그린~옅은 그린	10%	건초 향	200℃ 기준
올드 크롭	옅은 그린~옐로	7% 이하	매운 향, 무향	낮게

수확한 지 1년이 안 된 뉴 크롭 커피는 커피 본래의 맛과 향을 잘 간직하고 있으며 수확한 지 오래된 커피콩일수록 맛과 향이 많이 떨어진다. 따라서 로스터는 가능한 한 뉴 크롭을 선호해야 하며 수확한 시점에 맞게 투입 온도와 화력을 조절해야 한다.

(4) 가공방법 파악하기

커피콩은 가공, 건조 방법에 따라 같은 품종의 커피라도 다른 맛과 향으로 나타난다. 따라서 로스터가 커피콩을 보고 확인할 수 있다면 콩의 상태에 따라 더 좋은 맛과 향을 위하여 로스팅 정도를 결정할 수 있다.

예를 들면, 같은 농장에서 재배된 커피체리를 가공 시점을 동일하게 맞춘다.

4가지의 가공, 건조 방법을 통해 각기 다른 커피콩을 얻는다.

이때, 얻어진 커피콩을 로스팅하면 각기 다른 맛과 향의 원두를 만들 수 있다.

① 단맛의 정도

내추럴 건조 빈 > 펄프드 내추럴 건조 빈 > 세미워시드 건조 빈 > 워시드 건조 빈

② 신맛의 정도

워시드 건조 빈 > 세미워시드 건조 빈 > 펄프드 내추럴 건조 빈 > 내추럴 건조 빈

③ 로스팅된 원두의 센터 컷의 변화로 생두의 가공 방법 알아보기

- Washed 가공방법: 센터컷이 황금색 또는 미색으로 변한다.(밝은색)
- Natural 가공방법: 센터컷이 원두의 색과 비슷하게 또는 같은색으로 변한다.(짙은색)

4) 로스팅 단계별 특징

(1) 색(Color)의 변화

녹색의 커피콩은 로스팅(Roasting)이 시작되면서 컬러의 변화가 일어나게 된다. 로스팅이 시작되면 하얀색으로 먼저 변하며 커피콩의 수분이 증발하기 시작한다. 하얀색 커피콩은 노란색으로 변하면서 점점 짙은 노란색으로 바뀌게 되며 곧 옅은 브라운에서 짙은 브라운(Dark Brown)으로 변화된다. 로스팅 시 메일라드 반응과 갈변현상이 일어난다.

메일라드 반응은 비효소적 갈변으로 온도에 의해 갈변현상을 일으킨다. 이 단계에서 커피의 맛과 향이 탄생한다.

(2) 향의 변화

신선한 커피는 향은 맵고 풋 향이 강하게 나며 오래된 커피콩은 향이 전혀 나지 않는다. 이런 커피콩은 로스팅이 시작되면서 몇 번의 향 변화 과정을 거치게 된다. 커피콩의 컬러가 하얀색으로 변하는 순간 커피콩의 향은 비릿하게 변하고 점점 노란색으로 변하며 달콤한 단향을 발산하게 된다.

오븐에 쿠키 또는 빵을 굽는 듯한 달콤한 향, 견과류를 볶는 듯한 향, 설탕을 졸일 때 느낄 수 있는 캐러멜 향 등을 느낄 수 있다. 노란색을 거친 후 브라운 단계로 변하는데, 이때는 코끝을 자극하는 강한 신 향으로 또 한 번 변화된다. 그 후 짙은 브라운으로 진행될 땐 커피가 가지고 있는 고유 향이 나타나기 시작하며 흑갈색 단계까지 진행되면 커피 본래의 좋은 향은 모두 사라지고 탄 향만 강하게 느끼게 된다. 커피콩에서 느끼는 단순한 향에서부터 로스팅 과정을 통해 변화무쌍한 향을 느끼게 해주는 이것이 커피만의 매력이다.

(3) 무게의 변화

커피콩이 가지고 있는 수분은 로스팅이 진행되면서 증발하기 시작하며, 로스팅이 더 진행되면 수분이 점점 더 증발하여 콩의 무게가 가벼워진다. 로스팅한 결과물을 비교해 보면 약하게 볶은 커피보다 강한 볶음의 커피가 훨씬 가볍게 느껴지는 이유가 이 때문이다. 볶음도에 따라 수분의 함량 변화를 정리해 보면 다음과 같다.

● **커피콩 1kg을 로스팅한 경우**

· **약 볶음**: 850g
· **중 볶음**: 800g
· **강 볶음**: 700~750g 정도를 얻을 수 있다.

(4) 부피의 변화

커피콩 본래의 크기는 로스팅 과정을 거치면서 부피가 늘어나게 되는데, 이는 커피콩 조직의 팽창이 관련이 있다. 약하게 볶은 커피보다 진하게 볶은 커피가 부피가 많이 늘어나 있음을 알 수 있다. 그러나 커피콩 조직의 팽창은 2차 크랙이 진행되면서 커피콩 표면에 커피의 기름 성분이 흘러나오기 시작하면서 팽창을 멈추게 된다.

(5) 모양의 변화

조밀도 강한 커피콩과 조밀도 약한 커피콩을 동시에 같은 드럼에 넣고 로스팅하면 나타나는 현상은 다양하다.

① 조밀도 강한 원두(수분 10% 이상)

노란색으로 변하는 시점이 되면 커피콩의 표면은 수분이 증발하고 남은 주름이 많이 발생하는 것을 확인할 수 있다. 이때 발생한 주름은 로스팅이 진행되면서 점점 펴지기 시작해서 커피콩의 표면에 기름 성분이 표출되기 전까지 완전히 펴지게 된다.

②조밀도 약한 원두(수분 10% 이하)

노란색으로 변하는 시점에서 비교해 보면 깊은 주름은 생기지 않으며 얇고 가는 주름이 발생한다. 이는 커피콩의 조밀도에 따라 주름의 많고 적음이 나타나기 때문이다.

⑤ **커피 맛에 영향을 미치는 대표적인 불량 콩**

색	처음 열을 가하면, 천천히 노르스름해지다가, 온도가 높아질수록 색의 변화가 빨리 일어나며, 짙은 색으로 일정하게 변한다.
내부 색의 변화 정도	Roasting을 빨리할수록 변화가 크며, Roasting 정도가 낮을수록 심하게 나타난다.
구조	CO_2 Gas가 다량 방출되면서 다공성 구조를 가진다.
CO_2도	Green Coffee Bean: 550~770g/l Roasted Coffee Bean: 300~450g/l
수분	Roasting 정도가 높아질수록 수분함량이 적어진다.
유기 성분의 손실	주로 탄수화물, 트리고넬린, 아미노산 등을 말하며, 160℃ 이상에서 손실이 커진다. CO_2 방출은 Roasting 후에도 일정 기간 지속된다.
휘발성분(향)	약하게 Roasting 시 최대치를 나타내며, 중간 Roasting 이상에는 생성보다 소멸이 더 많아진다.

Caffeine	중 Roasting과 강 Roasting 사이에서 승화작용으로 인해 아주 소량 감소한다.
Trigonelline	Roasting 정도에 비례해서 감소하여 향 성분이 생성된다.
Amino Acids	CO_2 방출하면서 분해되고, 다른 물질과 반응하여 휘발성 향 성분이 생성된다.
Proteins	일부가 Melanoidins로 변환된다.
Chlorogenic Acids	휘발성 향 성분과 중합성분(Melanoidins)을 생성하면서 방출한다.
Carbohydrates	점차 수용성 다당류(Polysaccharides)로 변환, 갈색 물질(Melanoidins, Caramel)로 변환된다.
Sucrose	휘발성 물질과 Caramel로 변환된다.
Lipids	세포벽의 붕괴로 인해 지질이 Coffee Bean의 표면으로 이동한다.

5) 수망을 이용한 로스팅

수망은 가정에서 편리하게 커피를 볶을 수 있는 로스팅 기구의 일종으로 손잡이가 있는 둥근 망이다. 비교적 저렴한 가격으로 로스팅을 체험하고 즐길 수 있는 장점이 있으며, 커피를 볶는 방식은 직화식에 해당한다. 몇 가지 주의점만 잘 숙지한다면 만족할 만한 결과를 얻을 수 있다.

(1) 수망 로스팅 준비사항

① 수망은 3가지 크기(대/중/소)가 있으며 자신에 맞는 크기를 정하면 된다. 가능하면 큰 치수를 사용하는 것이 좋다. 이유는 큰 크기로 커피콩을 볶으면 작은 치수 수망보다는 커피콩의 움직임이 크기 때문에 비교적 잘 볶아진다.

② 자신이 볶을 커피콩을 준비한다. 이때 커피콩은 볶기 쉬운 커피콩과 어려운

커피콩으로 구분하여 준비해 두는 것이 좋다. 처음부터 어려운 커피콩 로스팅을 하기보다는 쉬운 커피콩을 이용하여 볶는 과정에서 변화되는 커피콩의 색, 향의 변화, 모양의 변화 등을 검사한 다음 볶기 어려운 커피콩을 나중에 볶으면 차이점을 느끼고 발견할 수 있다.

③ 볶은 커피를 빨리 식힐 수 있는 소형 선풍기 또는 찬 바람이 나오는 헤어드라이어를 준비한다. 볶은 커피는 뜨거운 열을 지니고 있어서 빨리 식혀주지 않으면 자신이 생각했던 로스팅 포인트보다 더 진하게 볶음이 진행되기 때문에 잘못된 결과를 얻을 수 있다.

④ 기타 준비물로는 면장갑, 휴대용 가스레인지, 볶은 커피를 받을 체, 나무주걱 등이 있다.

(2) 수망 로스팅 방법

① 준비된 커피콩을 수망에 넣는다. 수망 바닥에 커피콩이 깔릴 정도가 적당하다.

② 휴대용 가스레인지에 점화한 후 수망을 좌우로 골고루 흔들어 준다. 수망을 상하로 움직이는 건 금물이다.

③ 수망을 흔든 후 수분이 나오면 커피콩의 색이 노란색으로 변하기 시작한다.

④ 노란색으로 변한 후 갈색으로 변화되면서 1차 크랙이 일어나기 시작한다.

⑤ 1차 크랙이 일어난 후 좌우로 계속 흔들어 주면 2차 크랙이 일어나면서 커피콩의 표면에 지방 성분이 나타나기 시작한다.

(3) 수망 로스팅 시 주의해야 할 사항

① 수망의 크기에 맞게 커피콩을 넣어야 한다. 이상적인 커피콩의 향은 수망 크기의 1/3 정도가 좋다.

② 가스 불과 항상 일정한 높이를 유지하여야 한다. 10~15cm 정도가 이상적이다. 1차 크랙이 일어나면 현재 화력보다는 1/3 정도 줄인다. 2차 크랙이 일어나면 1/3 화력 기준으로 다시 1/2 정도로 줄인다.

③ 로스팅이 진행되면 수망을 많이 움직여서 수망 내부에 있는 커피콩도 많이 움직여야만 커피콩이 타지 않고 골고루 잘 볶아지게 된다.

④ 로스팅이 진행되면 생두에 붙어 있던 실버스킨(은피)이 분리되기 시작하며 잘게 부수어져 떨어지게 된다. 따라서 로스팅을 위한 공간확보가 필요하며 로스팅 후 정리하여야 한다.

6) 로스팅 머신을 이용한 로스팅

(1) 로스팅 머신의 부분 명칭 및 역할

- **호퍼**: 커피를 담아 놓는 곳
- **호퍼 개폐스위치**: 드럼 내부로 커피를 투입하는 스위치
- **확인봉**: 로스팅 진행 상황을 검사하는 봉
- **확인창**: 로스팅 진행 상황을 검사하는 유리 창문
- **드럼 개폐구**: 로스팅이 끝난 후 드럼 내부의 볶은 커피를 배출하는 역할
- **냉각판**: 로스팅 후 뜨거운 원두를 식혀주는 역할

- **댐퍼**: 드럼 내부의 공기 흐름, 연기, 분리된 실버 스킨 등을 배출하는 기능
- **전원 스위치**: 로스터에 전력을 공급하는 역할
- **가스 압력 스위치**: 드럼에 공급하는 화력을 조절하는 스위치
- **가스 압력계**: 공급되는 가스 압력을 나타내는 역할
- **점화스위치**: 버너에 불을 붙이는 역할
- **연통**: 로스팅 시 생성된 연기를 모아 자연 연소 또는 빠져나갈 수 있게 한 통

호퍼와 개폐스위치	로스터 1	개폐레버
계기판	연통	압력계
냉각기	댐퍼	찌꺼기통

7) 로스팅하기 전 알아두어야 할 사항

(1) 용량

로스팅을 할 수 있는 기구나 머신의 용량을 검사해야 한다. 3kg 로스팅 머신의 경우를 예로 들어보면 다음과 같다.

① 최대 용량: 한 번 볶을 때 최대 투입량이 3kg인 것을 말한다.

② 최소 용량: 한 번 볶을 때 최소 투입할 수 있는 양을 말한다. 즉, 최대 용량 대비 50%인 1.5kg이다.

③ 효율적인 용량 : 로스팅 머신을 가장 효율적으로 사용할 수 있는 적정 용량을 말한다. 즉, 최대용량 대비 80%인 2.4kg이다.

(2) 로스팅 포인트 결정

생산지별 로스팅 포인트는 로스터의 기준에 따라 다를 수 있다. 그러나 분명한 것은 생산지별 커피가 가지고 있는 맛과 향을 표현하는 포인트가 있다는 것이다. 예를 들면, 맛을 표현할 것인가 또는 향을 표현할 것인가에 따라 로스팅 포인트는 달라진다. 일반적으로 향을 표현하기 위한 로스팅 포인트는 약한 볶음을 하여야 하며 반대로 맛을 표현하기 위해선 약한 볶음보다는 조금 강한 볶음을 해야 한다. 이와 반대의 로스팅 포인트를 정한다면 표현하고자 하는 맛과 향이 엉뚱하게 나타날 수 있다. 따라서 로스터는 생산지별 커피를 다양한 로스팅 포인트로 볶아서 날짜가 지나면서 맛과 향의 변화가 어떻게 나타나는지를 세밀히 관찰하고 기록해 놓아야 한다. 이러한 방법으로 기록하고 정리한다면 자신만의 로스팅 포인트를 정할 수 있으며 또한 대중이 좋아하는 로스팅 포인트도 알아낼 수 있다.

생산지별 커피의 맛과 향을 정확히 파악하고 정리하기 위해서는 오래된 커피콩보다는 수확한 지 1년이 안 된 뉴크롭을 사용하는 것이 더 유리하다.

⑨ **생산지별 커피의 로스팅 포인트(에그트론#95~#25)**

로스팅 정도	#95	#85	#75	#65	#55	#45	#35	#25
	약한 볶음 – 중간 볶음 – 중간 볶음 – 강 볶음							
브라질 N					●			
브라질 W			●					
예멘모카 N					●			
예멘모카 W			●					
탄자니아 킬리만자로				●				
케냐 W						●		
코스타리카 타라주			●					
과테말라 안티구아						●		
콜롬비아 메멜린/후일라						●		
콜롬비아 나리뇨/아르메니아				●				
인도네시아 토라자칼로시				●				
인도네시아 만델링							●	
하와이 코나			●					
자메이카 블루마운틴			●					

8) 로스팅 단계별 특징

로스팅 정도에 따라 커피의 맛과 향의 차이점이 뚜렷하게 나타나므로 커피의 특징에 맞게 로스팅 포인트를 정해야 한다.

로스팅 단계	특 징	에그크론
Very Light	옅은 갈색을 띠며 신맛(Acidic)이 강하고 향(Aroma), 바디(Body)감은 약하다. 매우 약하게 볶은 상태를 말한다.	#95
Ligth	신맛(Acidic)이 강하고 원두의 표면은 건조한 상태이며 커피의 단점을 체크할 수 있다.	#85
Moderatery Light	신맛(Acidic)을 느낄 수 있으며 견과류 맛이 난다.	#75
Light Medium	신맛(Acidic)은 조금 약하고 바디(Body)감이 나타나는 시점이다.	#65
Medium	신맛(Acidic)이 거의 사라지고 더 뚜렷한 품종의 특성이 나타난다.	#55
Moderatery Dark	단맛(Sweetness)이 강해지고 원두표면에 Oil이 비친다.	#45
Dark	품종의 특징이 줄어들고 Body감을 강하게 느낄 수 있다.	#35
Very Dark	바디(Body)감과 단맛(Sweetness)은 줄어들고 쓴맛(Bitters)이 강해진다.	#25

● **로스팅 과정**

건조 Drying Phase → 볶기 Roasting Phase → 냉각 Cooling Phase

2. 커핑(Cupping)

커핑은 커피의 향미를 평가하거나, 등급을 매기는 작업이다. 또한, 컵 테스트 (Cup Test)라고 하기도 하며, 커핑을 하는 전문가를 커퍼(Cupper)라고 부른다.

커피는 지역의 기후, 토양, 일조량, 로스팅 등 커피나무가 성장하면서부터 배전이 되는 모든 과정과 여러 가지 조건들에 의하여 커피의 품질이 결정된다. 커피의 향미 성분에는 1,200여 가지 이상의 화학 분자가 들어있다. 이 화학 분자들은 대부분 불안정한 상태로 존재하며, 거의 커피의 로스팅 시 상온에서 방출되어 버린다. 향기 성분은 후각으로 평가하며, 입 안에서 느끼는 맛은 혀의 미각세포를 통하여 평가하게 된다. 또한, 커피 성분 중의 지질과 섬유질을 이루는 입자들은 불용성이므로, 입 안의 촉각인 풍부함(Flavor)과 Body로 느끼게 된다.

1) 커핑 순서

(1) 분쇄커피 담기

커핑하기 전 24시간 이내로 로스팅된 재료를 준비해야 한다. 커핑컵은 최소 3~5개 준비해야 하며, 분쇄는 커핑하기 전 15분 이내로 신선한 재료로 준비해야 한다.

(2) 향기(Fragrance)

코를 컵 가까이에 대고 커피에서 나오는 여러 가지 기체를 들이마신다. 탄산가스를 포함한 기체의 향기 특성을 깊이 있게 평가한다.

(3) 물 붓기(Pouring)

물의 온도는 93~95℃로 끓여서 식혀 사용하는 것이 핵심이다. 물의 양은 150mL로 하며, 커피 입자가 골고루 적셔질 수 있도록 컵 상단 끝까지 붓고 3분간 담그는 시간을 갖는다.

(4) 추출된 커피의 향기(Break Aroma)

커피잔 위쪽으로 가루들이 떠오르면, 커핑 스푼으로 3번 정도 뒤로 밀쳐준다. 코를 컵에 가까이에 대고 위로 오르는 기체를 깊게 힘차게 들이마시고 향기의 속성과 특성 강도를 평가한다.

(5) 거품 걷어 내기(Skimming)

향기를 맡은 후에 앞쪽으로 밀려오는 커피 층을 두 개의 커핑 스푼을 이용하여, 신속하게 걷어 낸다.

(6) 오감 평가

물의 온도가 70℃ 정도 되면, 커피층을 걷어내고 커핑 스푼으로 커피를 살짝 떠서 입 안으로 강하게, 신속하게 흡입한다.(흡 소리가 나게)

처음 들이마실 때의 향과 마시고 난 뒤의 향을 기억하고 비교한다. 2~3회에 걸쳐 같은 동작을 반복하고 평가한다. 커피의 온도가 내려갈 때와 따뜻할 때 마실 때를 비교하여 본다. 향(Aroma), 뒷맛(Aftertaste), 산도(Acidity), 풍미(Flavor), 균형(Balance) 등을 평가한다.

ⓢ **관능 평가에 이용되는 기관**

후각	분쇄된 커피향 / 추출된 커피향 마시면서 느끼는 향 / 입 안에 남아있는 향
미각	단맛, 짠맛, 신맛, 쓴맛

(7) 당도(Sweetness), 균일성(Uniformity), 투명도(Cleanliness) 평가

오감 평가를 하고 난 뒤 커피의 온도가 30℃ 이하로 내려가면, 각각의 잔마다 당도와 균일성 투명도를 평가한다.

(8) 결과 기록

각 항목에 주어진 개별 점수를 합산하여 총득점을 표기하고 난 후, 결점을 빼면 최종점수가 된다.

- 냄새 맡기(Sniffing)

- 흡입하기(Slurping)

- 삼키기(Swallowing)

2) Cupping Lab

커피의 품질을 평가하는 장소이다. 즉, 커핑을 행하는 장소를 말한다. 커핑랩의 실내 온도는 20~30℃가 적당하고, 습도는 85% 미만이어야 하며, 전체적으로 밝은 분위기여야 한다. 커핑에 영향을 줄 수 있는 냄새, 소리, 빛 등 여러 가지 외부 요인들로부터 차단되어야 한다.

● **최적의 Cupping 환경**

직사광선을 피한 채광

- SCAA Golden Cup 규정에 따른 최적의 추출 수율(1mL당 0.055g)
- 생두 평가는 Sample이 로스팅된 Agtron 55 기준의 홀빈 원두 사용(Tipping, Scorching 안 됨)
- 열 발생이 적으며 분쇄도 조절이 용이한 그라인더 사용
- 분쇄는 US 매쉬 시브 사이즈 20에 70~75 통과(약0.3mm)
- 한 Sample당 5컵 사용
- 분쇄 후 15분 이내에 물 붓기(향미 파일 손상을 방지하기 위함)
- 경도는 125~175ppm의 90~95℃의 물 사용

3) SCAA 커핑 폼

(1) 절차

① Sample #은 해당하는 컵의 정보를 적어준다.

② Roast Level은 볶음 정도를 나타내며, 견본 로스팅 시 중간지점에 해당한다. 대각선으로 그어 쉽게 정보를 파악한다.

③ Fragrance는 분쇄할 때 나타나는 향을 표현한다. (4분가량 진행)

④ Aroma는 물을 부었을 때 나타나는 커피의 향을 표현한다. Break에는 물을 붓고 4분 후 부유물을 가를 때 나타나는 향기를 표현하며, 2분 후에 Skim-ming(부유물을 걷어내는 작업)을 실시한다.

⑤ Acidity, Body, Flavor, Astertaste, Balance를 각각 표시하고, Balance는 Flavor 와 Acidity, Body, Aftertaste가 조화를 이루는지를 표시한다.

⑥ Uniformity는 5개의 Sample 중 균일성이 떨어질 상황에 해당하는 컵에 표시한다.

• Clean Cup은 5개의 Sample 중 부정적이거나 불쾌한 향미를 가져서 다른 컵들과 균일성이 떨어질 때 해당 컵에 표시한다.

• Sweetness는 5개의 Sample 중 단맛이 느껴지지 않을 상황에 해당 컵에 검사한다.

• Taint, Fault는 결점에 따른 점수로서, 심한 경우를 제외하고는 잘 쓰지 않는다. (Taint-확실한 결점이 있다. Fault-결점으로 인해 먹을 수가 없다.)

• Overall은 커피를 유일하게 주관적으로 점수를 줄 수 있는 곳이며, 개인적인 의견과 선호도에 따라 표시한다.

(2) SCAA 아로마 휠과 향기 휠

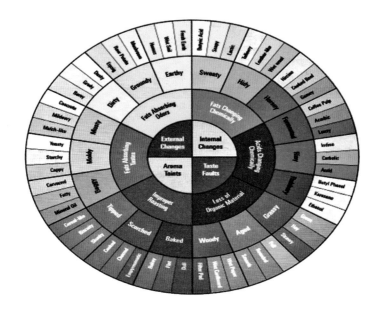

● **SCAA Aroma Wheel과 Aroma Kit Flavor Wheel 보는 방법**

파란색 → 빨간색 → 초록색 → 검은색 순으로 본다.

4) 향미 용어

(1) 부케(Bouquet)

커피의 전체적인 향으로 추출된 커피의 전체적인 향기를 총칭해서 부르는 말이다. Fragrance, Aroma, Nose, Aftertaste 등이 있다.

(2) 프라그랑스(Fragrance)

분쇄된 신선한 커피에서 나는 향기(Dry Aroma)로 실온보다 약간 높은 온도에서 기화하는 화합물로 구성되어 있다. 원두를 분쇄하면 커피 조직에 열이 발생하면서 조직이 파괴된다. 이때 커피 조직 내에 있던 탄산가스가 방출되면서 이 가스가 실온에서는 유기물질을 끌어내게 된다. 연기나 타르와 같은 탄 향이 나며, 지방, 담배, 숯, 재와 같은 향신료(Spicy) 향 등이 있다.

(3) 아로마(Aroma)

갓 추출된 신선한 커피 액에서 나는 향기로 갓 추출된 커피 액의 표면에서 방출되는 증기에서 느낄 수 있다. 이 향기는 에스테르, 알데히드, 케톤 등의 큰 분자 구조를 가지며, 커피의 기본적인 맛을 이루는 기본 향기가 되며 가장 복합적인 가스의 혼합물이다. 과일 향(Fruity), 풀 향(Herbal), 견과류(Nutty) 등의 자연적인 향 등이 있다.

(4) 노즈(Nose)

커피를 마실 때 입 안에서 느껴지는 향기로 커피를 마시거나 입천장 위쪽으로 넘기면서 느끼는 향기 성분이다. 이 성분들은 대부분 당의 카보닐 혼합물이며, 로스팅 시 생두 중에 있던 당류가 메일러드 반응을 일으키면서 캐러멜화하면서 생성된 것이다. 캐러멜, 사탕, 견과류, 곡류 등의 향 등이 있다.

(5) 애프터 테이스트(Aftertaste)

커피를 마시고 난 후 느끼는 향기로 커피를 마신 후 입 안에 남는 향기이며, 커피의 향이 감소된 후에 인식되는 향이다.

로스팅 과정 중 생성되는 피라진 화합물(Pyrazine Compounds)로 인하여 쓴맛과 초콜릿 향이 나기도 한다. 초콜릿 향(Chocolaty), 탄 향(Carbony), 향신료(Spicy), 송진 향(Turpeny) 등이 있다.

(6) SCAA에서 규정하는 Q-Grader 향미 표현 방법

향미란 향과 맛이 복합적으로 느껴지는 것을 표현하는 것으로 Sweetness, Acidity, Bitter, Body, Floral 5개의 항목과 이외의 향과 맛을 상세하고 객관적으로 표현할 수 있다.

① Sweetness

구분		향미
Nutty(견과류)	Roasted Peanuts	볶은 견과류의 향
	Walnuts	호두기름의 톡 쏘는 향
	Toast	곡물 볶을 때의 고소한 향
Caramel (최상급 커피)	Caramel	강렬한 단 향
	Roasted Hazelnuts	인공적이며, 금속적인 고소함이 함유된 향
	Roasted Almond	달콤하면서 고소한 향
	Honey	아카시아 꿀 향
Chocolaty(초콜리티)	Maple Syrup	계피와 섞인 듯한 단 향
	Dark Chocolate	코코아, 코냑 향(중남미 커피)
	Butter	신선한 버터 향(일반적인 아라비카)
	Vanilla	바닐라, 커스터드 향(브라질, 엘살바도르, 인도네시아)

② Acidity: 신맛이라는 표현을 쓰지 않고 산미란 표현을 사용한다.

구분		향미
Fruity Citrus (감귤류)	Lemon	매우 밝은 레몬의 산미(고급 아라비카)
	Apple	풋사과 느낌의 산미(중미, 콜롬비아)
	Grapefruit	자몽의 산미
	Orange	오렌지의 산미

Fruity Berry (베리류)	Apricot	달콤한 산미(에티오피아)
	Black Currant	상큼, 시큼한 포도의 산미
	Raspberry	묵직한 베리류의 산미

③ Bitter: 아라비카종에는 표현하지 않는다.

구분		향미
Spicy (향신료)	Cedar	삼나무(과테말라, 온두라스, 블루마운틴, 하와이코나)
	Pepper	강렬한 금속성 향기(브라질, 짐바브웨)
	Herby	좋은 허브 향신료
Smoky (연기)	Pipe Tobacco	잎담배, 말아 피우는 담배 향
	Ash	탄 향, 나무 재 향

④ Body: 질감

구분	입 안의 느낌
Watery(Thin)	물 마시는 느낌, 가벼운 느낌: 매우 연한 커피
Smooth(Light)	강하지 않은 질감이 느껴질 때: 중간 농도의 커피(가벼운 에스프레소)
Creamy(Heavy)	생크림의 진한 우유 느낌: 생두의 지방 성분이 많을 때 느껴짐
Buttery(Thick)	무거우면서, 부드러운 느낌: 에스프레소의 대표적인 특징

⑤ Floral: 꽃 향

구분	꽃향기
Jasmine	Jasmine 꽃 또는 Jasmine 차에서 느껴지는 꽃 향기
Lavender	Lavender에서 느껴지는 은은한 꽃 향기
Coffee Blossom	Jasmine과 유사한 상큼한 향기
Tea Rose	다마스커스 장미과의 꽃향기, 장미 향

⑤ 그 외 향미 표현 용어

Acidity	산도 (긍정적인 경우-Brightness, 부정적인 경우-Sour로 표현)
Aftertaste	커피를 삼킨 후 입 안에서 지속되는 커피의 맛과 향
Aroma	물을 부었을 때 기체 상태에서 느껴지는 향기
Balance	균형감(Flavor, Aftertaste, Acidity, Body를 전체적으로 평가)
Body	촉감(입에서 느껴지는 질감)
Caramelly	마시면서 느끼는 향기 (Nose) 중의 하나 사탕 향(Candy), 시럽향(Syrup)
Chocolaty	커피를 마신 후 입 안에서 남는 향기(Aftertaste) 중 하나이다. 초콜릿이나 바닐라향
Carbony	Aftertaste 중 하나로 추출된 커피를 마시고 난 후 느끼는 향. 크레졸(Cresol), 페놀(Phenol), 피라딘향(Pyridine)
Complexity	커피의 모든 향기의 질적인 표현, 다양하고 미묘한 느낌 표현
Full	커피의 전반적인 향에 대한 양적인 표현으로 다소 뚜렷한 강도로 단계별로 향이 느껴지는 것을 나타낸다. 풍부하지만 강도가 약한 향기
Flat	커피의 모든 향기의 양적인 표현. 약하게 느낄 수 있는 향기 향기가 거의 없을 때(Absence of Any Bouquet)
Fruity	추출된 커피의 달콤한 향기 중 하나. 감귤 향(citrus), 새콤한(acidulous), 베리향(berry)
Fault	강하게 느껴지는 좋지 않은 맛과 향
Flavor	입 안에서 느껴지는 맛과 향
Floral	꽃향기로 에티오피아, 탄자니아, 케냐 등의 커피에서 많이 나타난다.
Fragrance	분쇄한 커피의 향기
Grassy	미숙한 커피나 덜 볶은 콩에서 나는 향
Herby	추출된 커피의 신선한 향기. 파향(Alliaceous), 콩향(Legume)
Intensity	커피의 전체 향기 중에 포함된 가스와 증기의 자극성과 상대적 강도의 양적 수준. 커피의 맛과 향기의 강도
Malty	커피를 마실 때 느끼는 향기. 볶은 곡물 향
Nutty	커피를 마실 때 느껴지는 향. 볶은 견과류 향

Overall	전체적인 느낌(커피의 주관적인 평가)
Preference	커피의 맛과 향기의 선호도
Rich	풍부하면서 강한 향기(Full & Strong)
Rounded	풍부하지도 않고 강하지도 않은 향기(Not Full & Strong)
Spicy	추출된 커피를 마신 후 입 안에 남아있는 향기 중 하나. 나무 향.
Sweetly Floral	로스팅된 원두를 분쇄했을 때 나는 향기 중 하나. 재스민꽃 향
Sweetly spicy	로스팅된 원두를 분쇄했을 때 나는 향기 중 하나. 방향성 향기
Turpeny	커피를 마신 다음 입 안에 남는 향기(Aftertaste) 중 하나. 송진 향
Taint	약하게 느껴지는 좋지 않은 맛과 향
Uniformity	균일성

ⓢ **아라비카 커피의 대륙별 일반적인 특징**

구분	대표적인 향미
Brazil	Nutty, Floral, Sweet(Chocolaty), Earthy
Colombia	Neutral, Floral, Fruity
Indonesia	Honey, Nutty, Honey, Earthy
Central America	Fruity, Sharp
East Africa	Floral, Fruity, Chocolaty, Sharp

VI 커피 추출 방법과 카페 에스프레소

1. 커피 추출 방법

커피의 추출은 로스팅된 원두를 분쇄하여 좋은 맛과 향 성분을 뽑아내는 것이다. 맛있는 커피를 추출하기 위해서는 적당한 커피의 양과 알맞은 추출 수온도, 적당한 추출 시간 등 여러 가지 조건이 필요하다.

우선 좋은 생두의 선택을 했을 경우와 알맞은 로스팅을 한 후 추출하는 방법에 따라 적절하게 분쇄하였을 경우 최고의 추출이 이루어질 수 있을 것이다. 추출 방법에는 달임법, 우려내기, 여과법, 가압 추출법이 있다.

1) 달임법(Decoction)

(1) 터키식 커피

체즈베(Cezve)는 가장 오래된 추출 기구이다. 뚜껑이 있고 손잡이가 달려있으며, 가장 고운 입자로 끓이며, 보통 커피와 설탕의 비율을 1:1로 해서 마신다. 마시는 방법으로는 설탕과 향신료를 넣고 마시거나 버터나 소금을 입에 머금고 마시면 더욱 이색적인 맛과 향을 느낄 수 있다. 마시는 방법에 따라, 아라비아식, 그리스식,

불가리아식이라고 부른다. 커피를 끓여서 마시기 전에 거품이 없으면 잘 추출되지 않은 것으로 간주하며, 마시고 난 후에는 커피잔을 잔 받침 위에 엎어 놓고, 받침 위에 생긴 여러 가지 모습을 보고 점을 치는 풍습이 오늘날까지 전해지고 있다.

(2) 미국식 커피

이브릭(Ibric)은 뚜껑이 없고 물이나 와인을 담는 주전자, 장식이 있는 테이블 웨어이다.

2) 우려내기(Steeping)

(1) 프렌치프레스

처음 프랑스인들은 터키식 커피를 마셨다. 현대의 그라인더가 없던 그 시절에 커피 가루를 곱게 빻아 마시는 일은 쉬운 일이 아니었다. 맛있는 커피와 간편한 추출법을 찾아내기 위한 다양한 방법이 시도되었고, 그중 하나가 프렌치프레스이다. 원두를 물에 담가놓고 기다리는 방식이며, 작업이 매우 빠르고 쉬워, 누구나 추출할 수 있는 간편한 커피 추출법이다. 18세기 초에는 거칠게 빻은 커피 가루를 끓는 물에 커피를 추출해서 마셨다.

프렌치프레스를 이용한 추출 방식은 분쇄된 커피를 유리관 안에 넣고, 뜨거운 물을 부어 금속성 필터로 눌러 추출하는 수동식 추출 방식이다. 커피 가루를 끓인 물에 넣어서 뽑아내는 방식으로 금속 거름망이 달린 막대 손잡이와 유리그릇으로 구성되어 있다.

1.5mm 정도로 조금 굵게 분쇄한 커피 가루를 포트에 넣고 물을 부어 저어준다. 그다음 거름망이 달린 손잡이를 눌러 커피 가루를 포트 밑으로 분리한 후 커피를 따라 마신다.

3) 여과법(Filtration)

(1) 드립(Drip Filtration)

추출 방식 중 가장 자연적인 방식으로 중력의 원리를 이용하여 뜨거운 물을 천천히 부어 추출하는 필터식 추출 방식이다. 독일의 '멜리타(Melitta Bentz)'라는 여성에 의해 종이 필터가 개발되었다.

깔때기 모양의 드리퍼는 여과지를 받쳐주고 물이 원활하게 흐를 수 있도록 홈을 만들어 물길을 내어준 것이 특징이다. 핸드드립 방식은 드리퍼의 종류에 따라 다양한 맛과 향을 낼 수 있으며, 드리퍼의 종류도 다양하다. 드리퍼는 커피의 유효한 성분이 충분히 추출될 수 있도록 디자인되어 현대에도 가정에서 가장 많이 또는 손쉽게 사용되는 방법이다.

드리퍼로는 강화 플라스틱 소재로 만든 제품이 가볍고 사용하기 편하여 많이 쓰이며, 도자기 제품은 깨지기 쉬우며 가격도 비싸서 많이 사용하지는 않는다.

회사마다 드리퍼의 명칭이 다르다. 기구에 회사 이름을 붙이기도 한다.

(2) 융 추출

(3) 핸드드립 추출

① 칼리타(Kalita)

수평인 바닥에 추출구가 3개 있고 직선의 홈 (Rib)이 나 있다. 재질로는 플라스틱과 도자기, 동 등 다양하며, 강화된 플라스틱류가 가장 많이 사용되고 있다. 느린 추출로 인하여 전용 주전자를 사용해야 한다.

② 멜리타(Melitta)

멜리타라는 여성의 이름을 따서 드리퍼의 이름을 지었으며, 현재의 칼리타와 거의 흡사하며, 추출구멍이 한 개인 것이 특징이다. Rib은 1~2인용은 드리퍼 끝까지 홈이 나 있고, 3~4인용은 드리퍼 중간까지 홈이 나 있다.

(4) 뜸 들이기

① 고노(Kono)

추출구가 한 개로 크게 나 있으며, 원의 형태를 이루고 있다. Rib의 수가 적고, 드리퍼의 중간까지 설계되어 있다.

② 하리오(Hario)

회오리의 나선형(Rib)이 있어서 빠른 추출에 쉬우며, 부드럽고 신맛이 나는 향을 즐길 수 있다. 따뜻한 물을 충분히 넣고 추출한다. 고노 형태와 비슷하다.

● **필터 접는 방법**

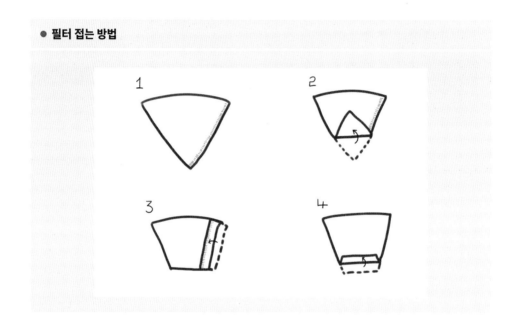

(5) 워터 드립(Dutch Coffee)

'커피의 눈물'이라고 불리는 더치 커피는 워터 드립 방식으로 오랜 시간 상온에서 한 방울씩 추출되는 방식이다. 17세기 네덜란드 선원들에 의해 고안된 방법으로 상온의 물을 조금씩 통과하여 커피 성분을 훑는 방식으로 추출하는 방식이다.

더치 커피는 상온에서 추출되기 때문에 커피의 풍미를 잃지 않고 보관기간이 길며 원액 상태로 판매하기 때문에 자신의 기호에 따라 즐길 수 있다.

여름에는 얼음과 시럽을 충분히 넣어서 마시면 갈증 해소에 좋다. 카페인의 추출이 적어 무더운 여름 숙면에도 지장을 주지 않아 기호식품으로 아주 유용하다. 추운 겨울에도 얼음의 유무와 관계없이 마실 수 있으며, 커피의 향을 오래 느낄 수 있어 애호가들이 늘고 있다.

4) 진공 여과법(Vacuum Filtration)

(1) 사이펀(Siphon)

1840년 영국의 로버트 네이피어(Robert Napier)에 의하여 발명되었다. 일찍이 차 문화가 발전한 일본에서 사이펀(Siphon)이라는 상표 이름으로 알려지게 되었다.

기압의 높고 낮음을 이용하여 추출하는 방식이다. 커피통에 분쇄된 원두 가루를 넣고 하부 용기의 물에 알코올을 이용하여 가열한 후 끓는 물의 증기압에 의하여 물이 상부의 커피통으로 올라가는 방식이다. 물과 커피가 잘 섞인 것을 확인한 후 불을 끄면 기압이 내려가 물이 다시 내려가게 되는 방식이다.

사이펀은 스틱을 이용하는 기교에 따라 커피의 맛과 향에 변화를 줄 수 있다. 분쇄 입자의 굵기는 핸드드립보다 더 가늘게 하는 것이 맛있는 커피를 추출하기에 좋다. 한 잔의 양은 12~15g이며, 추출 수의 필요량은 약 150mL가 적당하다. 반드시 플라스크의 외부 물기를 닦아서 사용해야 한다.

5) 가압 추출법(Pressurized Infusion)

가압된 물이 커피바스켓을 통과하여 커피를 추출하는 방법

(1) 모카포트(Moka Pot)

가열된 물에서 발생하는 수증기의 압력을 이용해서 추출하는 추출 기구를 말한다. 국내에서는 유럽과 달리 마니아들만 아는 추출 기구로 다양한 제품들이 유통되고 있다. 에스프레소 기계의 초기모델로, 곱게 간 원두와 정수된 물을 포트에 채운

뒤 끓이면 수증기가 팽창하면서 물을 밀어 올려 커피를 통과하면서 커피 원액을 추출한다. 수증기가 기름 성분까지 씻어 내리기 때문에 여과지가 있는 커피메이커와는 달리 특이한 지용성 향이 나온다. 다소 거칠지만, 고전적인 맛을 즐길 수 있다.

(2) 에스프레소 기계(Espresso Machine)

보일러의 압력과 모터를 이용하여 20~30초의 짧은 시간에 추출하는 현대식 추출 방식이다. '커피머신'으로 알려져 있으며, 에스프레소 기계의 발명으로 에스프레소 커피가 현대의 흔한 커피로 알려지게 되는 데 결정적인 역할을 하였다. 그뿐만 아니라 소비자들은 좀 더 맛있는 커피를 더욱 빨리, 안정적으로 즐길 수 있게 되었다.

오늘날 에스프레소 커피추출기는 전 세계의 카페나 커피전문점에서 흔하게 볼 수 있는 커피 추출 기구이며, 에스프레소 커피를 이용한 다양한 음료는 꾸준히 개발되고 있다.

2. 카페 에스프레소(Caffé Espresso)

Espresso는 이탈리아어로 '빠르다'란 뜻이다. 영어의 Express에서 유래되어 커피의 좋은 성분을 짧은 시간에 추출하여 빨리 마신다는 뜻이다. 카페 에스프레소가 추출될 때 황금빛 크레마는 점성을 가지고 있어야 하며, 균일한 속도의 균형 잡힌 추출이 되어야 한다. 물과 접촉하는 시간이 길면 커피의 나쁜 성분이 추출될 가능성이 크며, 반대로 너무 짧으면 커피의 유효한 성분이 미처 다 추출되지 못한다. 카페 에스프레소는 커피 맛을 최고로 느낄 수 있는 가장 기본적이며, 바리스타(Barista)의 기술(Skill)을 평가하는 기준이 되기도 한다. 카페 에스프레소는 커피의 맛과 향을 잃지 않도록 신속히 추출해야 하며, 크레마의 두께가 3mm 이상이어야 좋다.

● **카페 에스프레소 추출 조건**

카페 에스프레소의 양은 한 잔을 기준으로 30mL±5mL이다.

카페 에스프레소 커피의 추출수 온도는 88~96℃이다.

카페 에스프레소 한잔의 분쇄 커피양은 7~9g이어야 한다.

카페 에스프레소 추출 시간은 20~30초 사이이다.

커피 기계의 추출 압력은 8~10bar이다.

카페 에스프레소 잔은 손잡이가 달린 두꺼운 도자기 잔이다.

카페 에스프레소 잔의 용량은 60~90mL이어야 한다.

카페 에스프레소를 제공할 때는 물, 숟가락, 냅킨, 설탕을 함께 제공해야 한다.

1) 카페 에스프레소 종류

(1) 커피 크레마(Coffee Crema)

커피 크레마는 탄소 산화물이며, 에스프레소 추출 시 미세한 거품으로 추출되는데, 아라비카종보다는 로부스타종의 원두에서 더 많은 크레마를 얻을 수 있다. 크레마는 에스프레소를 추출했을 때 에스프레소 커피 표면에 갈색의 막이 형성되는데 옅은 색에서부터 진한 갈색까지 색상이 다양하다. 이를 커피 크레마라고 하며, 신선한 지방 성분과 향 성분이 결합된 미세한 거품으로 두께는 3mm 이상이 되어야 맛있는 카페 에스프레소라 할 수 있다. 커피 크레마의 색상은 밝은 갈색이거나 화려한 황금색이어야 좋다. 크레마는 색과 두께, 지속력을 가지고 있어야 잘 추출된 에스프레소로 평가받을 수 있다.

추출 후 크레마의 유지 시간이 3분 이상 유지된다면 밀도 있는 거품으로 분쇄된 커피의 신선함을 표현한 것이며, 카페 에스프레소 추출이 좋은 평가를 받을 수 있다. 크레마는 커피의 구수하고 진한 향이 날아가는 것을 막아주며, 자체의 부드럽고 단맛의 향미를 오래 느끼게 해준다.

(2) 카페 리스트레또(Caffé Ristretto)

카페 에스프레소의 양을 제한하여 추출한 것으로 카페 리스트레또(Caffé Ristretto)는 영어의 Limit과 같은 뜻이다. 추출 시간은 15~20초 정도이며, 추출량은 20~25mL 정도이다. 카페 에스프레소보다 더 진한 크레마와 향을 가지며, 신맛과 강한 향이 특징이다.

(3) 카페 룽고(Caffé Lungo)

카페 룽고의 추출 시간은 카페 에스프레소보다 길며 추출량도 카페 에스프레소보다 더 많다. Lungo는 영어의 Long과 같은 뜻이며, 룽고의 추출 시간은 30초 이상이며, 추출량은 35mL 이상이어야 한다.

쓴맛이 강한 것이 특징이며, 카페 에스프레소보다 연한 갈색의 크레마를 가지며, 싱거운 맛이 난다. 우유나 크림을 넣어서 마시면 좋다.

(4) 카페 도피오(Caffé Doppio)

카페 에스프레소 두 잔을 하나의 커피잔에 담는 것으로, Doppio는 영어의 Double과 같은 뜻이다. 추출 시간은 카페 에스프레소와 같으며 추출량은 50~60mL로 카페 에스프레소와 같은 향과 맛을 느낄 수 있다.

⑤ Caffé Espresso의 고향 이탈리아의 커피의 맛을 결정하는 4M

4M	블렌딩(Miscela)
	그라인더(Machina Dosatori)
	머신(Machine)
	바리스타 기술(Manualita Barista)

2) 카페 에스프레소(Caffé Espresso) 추출

Caffé Espresso는 기계를 통하여 커피의 유효한 성분을 추출하는 메뉴이다. 원두 분쇄, 포터 필터 장착, 추출 등의 과정을 완전히 숙지하여, 올바른 추출을 하도록 노력해야 한다.

(1) 카페 에스프레소(Caffé Espresso) 추출 순서

① 잔 준비(예열하고, 물기 없이 준비하기)

• 2번의 포터 필터 청소할 동안 하는 동작

• 뜨거운 물을 받아서 사용할 잔의 약 80% 붓는다.

• 물기 제거 후 기계 위에 올려놓는다.

② 포터 필터 물기 제거

③ 커피 분쇄

④ 포터 필터에 커피 가루 담기(Dosing)

⑤ 커피 고르기(Leveling)

⑥ 탬핑(Tamping) & 태핑(Tapping)

⑦ 추출 전 물 흘리기(Purging)

• 많이 데워져 고여 있던 물을 약 2초간 흘려 버린다.

⑧ 포터 필터 장착하기

⑨ 추출 버튼 누르고, 추출하기

⑩ 예열된 데미타세에 받기

• 숟가락의 방향은 데미타세의 손잡이 방향으로 놓는다.

• 마시는 사람의 오른손 쪽으로 잔 손잡이가 가도록 한다.

⑪ 포터 필터 청소

• 커피 퍽(Puck) 제거하기

• 포터 필터를 물로 청소한 후 물기 제거하기

• 포터 필터 그룹 헤드에 장착하기

(2) 카페 에스프레소 추출하기

(3) 추출하기 전 포터 필터에 커피 가루 담기

• 분쇄된 커피 가루를 담기

• 포터 필터에 고르게 정리하기

• 조리대에서 90도 돌린 자세로 체중을 실어 수평으로 지그시 누르기

• 포터 필터 위쪽 부분을 깨끗이 정리하기

(4) 우유 거품 만들기

우유 거품은 스팀 노즐의 팁을 통해 나온 수증기의 압력을 이용하여 만든다.

거품은 우유 속에 뜨거운 공기를 주입하며, 데우는 과정에서 만들어지는데, 온도가 65℃ 이상이 올라가면 안 된다. 스팀 노즐의 깊이 정도에 따라 거품의 입자 굵기와 거품의 양이 조절된다.

① 스팀 피처의 우유 담기

② 스팀 노즐을 젖은 행주로 감싸고, 응축수 제거하기

③ 스팀 노즐을 우유가 담긴 피처 중간에 넣기

④ 부드러운 거품 만들기(우유가 65℃가 넘지 않도록 한다)

• 스팀 노즐 주입(균형 잡힌 노즐을 주입해야 한다)

• 혼합하기(혼합시간을 길게 하는 것이 부드러운 거품을 만들기에 좋다)

• 가열하기(65℃가 넘으면 단백질이 열에 의해 응고되어 표면에 막이 생긴다)

⑤ 스팀 노즐 청소하기

• 스팀 노즐용 젖은 행주 사용

• 사용 후 열에 의해 응고되기 전에 신속하게 청소하기

• 노즐 팁을 수시로 닦아야 함

⑥ 피처를 돌리면서 롤링하기

• 우유의 부드러움을 살리기 위해 거친 거품 정리하기

⑦ 우유 거품 따르기

• 기호에 따라 우유를 이용한 에칭을 만들 수 있음

 커피 추출에 필요한 기구

1. 에스프레소 커피 머신

그룹헤드

포터필터

에어밸브

진공방지기 외

솔레노이드 밸브

압력 스위치

1) 에스프레소 커피 수동머신

에스프레소 커피 수동머신

2) 에스프레소 커피기계

2. 그라인더(Grinder)

그라인더는 로스팅한 커피를 분쇄하는 기계
를 말한다. 커피를 추출하기 위해 로스팅된 원
두를 갈아야 하는 가장 먼저 이루어지는 작업

스팀 레버

이다. 이때 원두의 굵기에 따라 맛과 향이 결정된다.

그라인더의 종류는 어금니로 가는 구조인 Burr Grinder와 그물망 모양의 칼날로 순차적으로 커트하는 기구인 블레이드 그라인더 Roll Grinder가 있다.

1) 블레이드 그라인더(Blade Grinder): 칼날형

전자식 그라인더로 모터와 연결된 금속 칼날을 회전시켜 원두를 분쇄하는 방식이다.

블레이드 그라인더는 칼날이 돌아가면서 커피를 조각내듯 분쇄하기 때문에 커피가루의 굵기가 균일하지 않다.

에스프레소용으로 아주 가늘게 분쇄해야 한다면 오랜 시간 갈아야 하는 어려움이 있으며, 무엇보다 마찰이 심해서 열이 많이 날 수 있다. 오랜 시간 분쇄로 인하여 향이 날아갈 가능성이 있으나 가격이 저렴한 것이 장점이다.

2) 버 그라인더(Burr Grinder): 평면형

버 그라인더는 양쪽의 버 사이에서 커피가 으깨지는 방식이다. 원두가 고정된 버와 돌아가는 버 사이에서 으깨진다. 버와 버 사이의 간격을 조절해 분쇄 굵기를 조절하고, 일정한 분쇄를 할 수 있으나, 가격이 비싼 편이다. 칼날의 재질은 철, 세라믹 등으로 종류가 많으며, 주기적으로 칼날을 새것으로 교체하고 관리해주어야 한다.

3. 소도구

1) 주전자(Drip Pot)

추출을 위해 분쇄한 커피에 뜨거운 물을 붓기 위하여 사용하는 기구이다. 물줄기의 기울기와 간격, 속도에 따라 커피의 맛이 크게 달라진다. 물이 나오는 배출구가 일반 주전자와는 달리 길며 S자 모양을 하고 있다.

2) 여과지(Filter)

여과지에는 종이 필터(Paper)와 융(Flannel) 필터가 있다. 종이 필터는 커피의 지방 성분을 흡수하여 걸러주기 때문에 깔끔한 맛의 커피를 즐길 수 있으며, 융 필터는 지방 성분을 완전히 흡수하는 것이 아니어서, 나름 걸쭉하면서 구수한 커피 향을 즐길 수 있다.

	종이(Paper) 필터	융(Flannel) 필터
차이	• 깔끔한 맛의 커피 • 일회용 필터. 간편함 • 천연펄프와 표백 필터	• 담백하고 구수한 맛의 커피 • 사용 전후에는 필터를 삶거나, 빨아서 밀폐용기에 담아서 냉장해 보관해야 한다. • 여러 번 사용. 번거로움 • 천연섬유인 면(광목류) • 융은 항상 젖은 채로 보관해야 한다.

3) 드립서버(Drib Server)

드리퍼 아래에 놓고 추출되는 커피를 받는 기구이다. 드립 서버(Drib Server) 옆면에 눈금이 있어서 추출되는 커피의 양을 확인할 수 있다. 드립 서버(Drib Server)의 재질로는 유리 제품과 플라스틱이 있으나 유리 제품이 더 많이 애용되고 있다.

4) 온도계(Thermometer)

커피 추출 수의 온도를 검사하는 기구이다. 추출 수의 온도는 커피의 맛과 향에 많은 영향을 미친다. 커피를 마시기에 적당한 온도를 검사하는 것 또한 아주 중요한 일일 것이다. 드립 커피의 경우 80~86℃가 추출수 온도로 적당하며, 커피 머신일 경우에는 88~96℃가 적당하다. 추출 후의 온도 15~20℃ 정도의 차이면 마시기에 좋은 온도가 된다.

5) 타이머(Timer)

커피 메뉴의 추출 시간을 측정하는 기구이다. 커피 맛에 영향을 주는 요인 중 추출 시간은 길수록 텁텁하며, 쓴맛이 많이 나며, 짧을수록 신맛이 많으며, 풍부함이 떨어지며 균형 잃은 싱거운 커피가 된다. 기호에 따라 분쇄커피의 종류에 따라 시간을 달리하면 다양한 커피 맛을 즐길 수 있다.

6) 계량스푼(Measuring Spoon)

추출하는 커피의 양을 계량하는 기구이다. 카페 에스프레소 한 잔의 커피양은 7~10g 정도이다. 드립커피 한 잔은 10~15g 정도로 계산되지만, 로스팅과 추출량 기호에 따라 커피의 양은 가감할 수 있다.

7) 캐맥스

전용 필터를 사용하여야 한다. 보리 성분이 함유된 전용 필터는 부드러운 맛을 느낄 수 있으며, 금속 필터인 콘 필터는 거친 맛이 난다.

8) 샷 글라스

카페 에스프레소의 양을 검사하기 위하여 눈금이 그려진 유리잔이다. 크레마를 포함한 카페 에스프레소의 양이 눈금에 걸쳐져 있어야 하며, 잔의 눈금과 눈이 수평을 이룬 상태에서 눈금을 본다.

9) 프렌치프레소

차를 추출하는 방식으로 굵게 분쇄한 커피 가루를 금속의 망에 넣고, 물을 충분히 부어 우려내는 방식이다. 커피를 추출하는 방법이 쉬우며, 초보자들이 주로 애용하는 방법으로 차를 마실 때와 비슷하게 마시면 된다. 추출 시간은 3~4분 정도면 충분하다.

10) 데미타세(Demitasse)

프랑스어로 Demi는 '반'이란 뜻이며, Tasse는 '잔'이란 뜻이다. 일반적으로 사용하는 커피잔의 반이란 뜻으로 일반 잔의 용량 160~180mL 정도의 반으로 80~90mL가 된다.

11) 수동 로스터

① 망

망에 생두를 넣고 흔들어가면서 직화로 로스팅하는 방법이다. 손쉬운 방법이지만, 가스레인지 주변에 커피의 외피가 벗겨져 주변이 지저분해질 수 있다.

② 프라이팬

원초적이며 가장 손쉬운 로스팅 방법이다.

VIII 커피와 건강

　세계 인구의 3분의 1 이상이 즐겨 마시고 있는 커피는, 처음에는 약리효과가 널리 퍼지며 알려지게 되었고, 중세부터 근대에 이르기까지 커피의 효능에 의해 의약품으로 사용되다가 재배에 성공함으로써 일반 음료로 사용되었다.

　우리나라의 커피는 한국전쟁 이후 일반인에게 알려지며, 소비가 급속히 늘었으며, 국내의 커피 생산과 함께 커피 브랜드 및 프랜차이즈의 발달로 커피문화가 더욱더 발달하게 되었다.

　한때, 건강에 관심이 있는 사람들은 커피를 피해야 할 음료로 여기기도 했다. 그러나 카페인의 효과 외 여러 효능이 발견되면서 커피에 대한 열띤 토론이 시작되었다. 최근에는 과학적인 분석과 임상실험 결과, 커피가 몸에 해롭지만은 않다는 사실이 밝혀지며, 의학적인 관점에서 재조명을 받고 있다.

1. 커피의 성분

1) 커피의 다량 성분

커피나무의 품종과 재배 환경(기후, 토양, 고도 등), 가공 과정 및 저장 등에 따라 성분과 함량이 다양하다. 커피나무의 여러 품종 중 널리 알려진 아라비카(Arabica) 종과 로부스타(Robusta)종의 주성분에는 탄수화물(다당류, 올리고당), 지방, 단백질, 무기질, 클로로제닉산(Chlorogenic Acid), 아리파틱산(Aliphatic Acid), 휴믹산(Humic Acid), 카페인 등이 있다.

ⓢ 생두와 원두의 성분 및 함량

성분	아라비카(Arabica)종		로부스타(Robusta)종	
	생두	원두	생두	원두
다당류	50.0~55.0	24.0~39.0	37.0~47.0	–
올리고당	6.0~8.0	0~3.5	5.0~7.0	0~3.5
지방	12.0~18.0	14.5~20.0	9.0~13.0	11.0~16.0
단백질	11.0~13.0	13.0~15.0	11.0~13.0	13.0~15.0
무기질	3.0~4.2	3.5~4.5	4.0~4.5	4.6~5.0
클로로제닉산	5.5~8.0	1.2~2.3	7.0~10.0	3.9~4.6
아미노산	2.0	–	2.0	0
아리파틱산	1.5~2.0	1.0~1.5	1.5~2.0	1.0~1.5
휴믹산	–	16.0~17.0	–	16.~17.0
카페인	0.9~1.2	1.0	1.6~2.4	2.0

(1) 탄수화물

① 생두(Green Coffee Bean)

아라비카종이 로부스타종보다 탄수화물 함량이 높으며, 가용성과 난용성 탄수화물로 구성된다.

- **가용성 탄수화물**: 단당류, 올리고당, 다당류
- **난용성 탄수화물**: 셀룰로오스, 헤미셀룰로스

② 원두(Roasted Coffee Bean)

로스팅 과정에서 커피 성분이 분해되거나, 새로운 성분이 생성하는 등 많은 변화가 나타난다.

- 커피의 당, 가용성 탄수화물, 셀룰로스가 분해되어 단당류(갈락토오스, 만노즈, 아리바노오스, 리보스)가 생성된다.
- 서당(Sucrose)은 전화(Inversion)되어 과당과 설탕을 생성한다.
- 커피의 단당류와 단백질과의 메일라드 반응(Maillard Reaction)으로 갈색 물질과 휘발성 향미 성분을 생성한다.

로스팅에 의한 가열 작용은 생두 성분에 화학적 변화를 초래하여 신물질이 생성되며, 생두에 없던 성분이 원두에 새롭게 나타나는 탄수화물 성분도 있다.

구분	탄수화물 성분
커피콩을 볶기 전과 후의 공통 탄수화물	아라반(Araban), 아라비노스(Arabinose), 셀룰로오스(Cellulose) 갈락탄(Galactan), 글루코오스(Glucose), 말토오스(Maltose), 글루쿠론산(Glucuronic acid), 라피노즈(Raffinose), 만난(Mannan), 만노즈(Mannose, 슈크로스(Sucrose), 스타키오스(Stachyose), 퀴닌산(Quininic acid), 자일로스(Xylose)
커피콩을 볶기 전에만 함유된 탄수화물	아라비노 갈락탄(Arabino Galactan), 전분(Starch), 리그닌(Lignin) 갈락토론산(Galacturonic Acid), 펙틴(Pectin) 글루코(Gluco)-갈락토만난(Galactomannan)
커피콩을 볶은 후에만 함유된 탄수화물	과당(Fructose), 갈락토오스(Galactose), 글루칸(Glucan), 리보스(Ribose)

(2) 지방

① 생두(Green Coffee Bean)

커피의 지방 함량은 품종, 추출 방법, 분석 기술 등에 따라 달라질 수 있으나, 보통 7~17% 정도의 지방이 있다. 아라비카(Arabica)종과 로부스타(Robusta)종의 평균 지방 함량은 각각 15%, 10% 정도이다.

대부분의 지방은 배젖(Endosperm)에 있고, 미량은 커피 표면에 있다. 지방 종류와 구성 성분은 다양하며, 커피 부위에 따라 지방 조성이 다르다.

- 커피 표면의 엷은 층에는 밀랍(Wax)이 0.2~0.3% 정도 있는데, 커피가 건조하지 않도록 하며, 미생물로부터 보호하는 기능이 있다.
- 중성지방(Oil)은 생두의 배젖(Endosperm)에 있으며, 글리세롤(Glycerol)과 지방산

(Fatty Acid)의 에스테르 결합 형태이다. 지방산 종류는 주로 포화지방산인 팔미트산(Palmitic Acid), 스테아르산(Stearic Acid), 단일불포화지방산(Oleic Acid), 다가불포화지방산(Linolenic Acid) 등이다.

- 다이터펜(Diterpene)에 속하는 카월(Kahweol), 카페스톨(Cafestol)은 다른 식물에는 볼 수 없고 커피에만 있는 지방이며, 각종 지방산과의 에스테르 결합으로 존재한다.
- 이 성분들은 열, 햇빛, 산 등에 약하므로 로스팅 과정에서 쉽게 파괴될 수 있다.
- 다이터펜 중 메틸카페스톨은 로부스타종에서만 볼 수 있으므로 브랜드 커피에서 아라비카종과 로부스타종 커피의 비율을 측정하는 표준으로 이용한다.
- 스테롤은 아라비카종에 5.4% 정도가 있다. 주류를 이루는 스테롤에는 시스토스테롤(53%), 스티그마스테롤(21%), 캠페스테롤(11%) 등이 있다.

② 원두(Roasted Coffee Bean)

커피의 지방 종류에 따라 로스팅 시 흡열 정도가 다르며, 흡열에 의한 변화 정도도 다르다. 이때 커피 향미의 원인이 되는 다양한 물질도 생성된다.

- 중성지방, 스테롤에 대한 변화는 없고, 유리 지방산이 증가한다.
- 카월, 카페스톨의 분해로 많은 휘발성 물질이 생성되고, 이러한 변화는 총지방량 증가의 원인이 된다.
- 로부스타종에 비하여 아라비카종의 카월 함량은 로스팅 후에도 거의 변화가 없다.

(3) 단백질

① 생두(Green Coffee Bean)

커피 품종에 따라 단백질 함량이 8.7~12.2% 정도이며, 구성 성분인 아미노산 종류도 다양하다. 유리 아미노산은 1% 이하의 극미량으로 존재한다.

아라비카종과 로부스타종을 비교하면 단백질을 구성하는 아미노산 종류와 함량 차이가 크다.

품종	다량 아미노산	미량 아미노산
아리비카종	글루탐산 아스파르트산 루이신 프로인 라이신 글리신 페닐알라닌 세린 발린	알라닌 아르지닌 이소 루이신 트레오닌 타이로신 시스테인 히스티딘
로부스타종	글루탐산 아스파르트산 루이신 타이로신 발린 프롤린 글리신	라이신 세린 알라닌 페닐알라닌 이소 루이신 시스테인 트레오닌 아르지닌 히스티딘 메티오닌

② 원두(Roasted Coffee Bean)

로스팅에 의한 가열 작용으로 커피 단백질이 파괴되어 20~40% 정도의 아미노산이 소실된다. 특히, 열에 예민한 아미노산(아르지닌, 시스테인, 세린, 트레오닌 등)은 거의 파괴된다. 그러나 중간 정도 또는 강하게 로스팅할 때 아라비카종, 로부스타종에서 아미노산 중 글루탐산이 가장 증가한다. 열에 의한 단백질 조성 변화는 원두를 특징짓는 요인이기도 하다.

- 아미노산과 탄수화물의 메일라드 반응이 발생한다.
- 각종 향미 성분과 휘발성 성분 등과 같은 신물질이 생성된다.

2) 커피의 미량 성분

(1) 비단백질 질소화합물

단백질을 구성하지 않는 질소 성분으로 핵산, 퓨린염기, 질소 염기 등이 있으며 커피 품종에 따라 함량이 다양하다.

- 핵산은 아라비카종에 0.7%, 로부스타종에 0.8% 정도 함유된다.
- 퓨린염기는 아라비카종, 로부스타종에 각각 0.9~1.4%, 1.7~4% 정도 함유되어 있다.(카페인은 퓨린 유도체의 대표 성분으로 커피의 쓴맛을 나타내며, 기타 퓨린염기는 로스팅 때문에 파괴된다.)
- 질소 염기는 로스팅 시 가열반응에 대해 안정성이 있는 성분과 그렇지 않은 성분으로 분류된다. (열에 대해 불안정한 성분 중 특히 트리고넬린은 열 반응으로 니코틴산과 기타 향미 성분으로 분해된다. 이러한 특성을 이용하여 트리고넬린과 니코틴산 비율은 로스팅 정도를 측정하는 데 활용된다.)

(2) 무기질

커피의 무기질 함량은 4% 내외로, 대부분 수용성이며 무기질 종류가 다양하다. 무기질 중 항진균 작용이 있는 구리(Cu)가 커피에 극미량 함유되어 있으며, 아라비카종보다 로부스타종에 많이 있다. 로부스타종 커피에서 곰팡이 발생이 적은 이유도 구리(Cu) 때문이다.

무기질	함량(건조물 중 %)
칼륨(K)	1.68 ~ 2.0
마그네슘(mg)	0.16 ~ 0.31
황(S)	0.13
칼슘(Ca)	0.07 ~ 0.035
인(P)	0.13 ~ 0.22

(3) 비타민

일반 식품과 같이 커피에도 다양한 종류의 비타민이 존재한다. 비타민 B_1, 비타민 B_2, 니코틴산, 판토텐산, 비타민 B_{12}, 비타민 C, 엽산, 비타민 F 등이 이에 속한다. 비타민 종류와 특성에 따라 로스팅에 의한 열작용으로 파괴되는 정도도 다르다.

비타민 B_1, 비타민 C는 로스팅 과정에서 대개 파괴되며, 니코틴산, 비타민 B_{12}, 엽산은 열에 영향을 덜 받는다. 니코틴산 함량은 볶기 전 커피보다 볶은 후의 커피에 더 증가하는데, 그 이유는 로스팅에 의한 트리고넬린 분해로 니코틴산이 생성되기 때문이다.

비타민 E 중에서 알파 토코페롤(α-tocopherol)과 베타 토코페롤(β-tocopherol)이 대부분이며, 로스팅으로 커피의 총 토코페롤, 알파와 베타 토코페롤양이 감소한다.

(4) 산

커피의 신맛은 다양한 유기산에 의한 것이며, 커피 산도는 추출된 커피의 질과 오묘한 맛을 결정짓는 중요한 요인으로 작용한다. 특히 아세트산, 시트르산, 인산 등이 커피의 신맛에 영향을 주며, 로스팅 때문에 일부 산 함량이 증가 또는 감소하여 커피 특유의 신맛을 더하게 한다.

- 커피에는 클로로제닉산, 카페인산, 시트르산, 말산, 퀴닌산, 아세트산 등이 주류를 이루고 젖산, 푸마르산, 포름산이 극미량 존재한다.
- 클로로제닉산은 커피에 가장 많이 포함되어 있는 성분이며, 로스팅 중 중간 볶음에서 30%, 강한 볶음에서 70% 정도가 감소한다.
- 로스팅 때문에 증가하는 휘발성 산은 포름산(중간 볶음), 아세트산(강한 볶음)이며, 비휘발성 산으로는 인산, 젖산, 퀴닌산 등이 있다.
- 로스팅으로 특히 감소 되는 산에는 비휘발성의 말산, 시트르산이 있다.

(5) 휘발성 물질

휘발성 물질은 로스팅 과정에서 생성되는 향미와 색소 성분이다. 커피에 0.1% 정도로 함유되어 있으며, 700여 종의 휘발성 물질이 있다. 로스팅에 의한 커피 성분의 갈색 반응(Browning Reaction)은 갈색 색소 중합체를 생성시켜 원두의 다양한 색과 향을 만들게 한다. 특히 멜라노이딘은 커피의 쓴맛을 나타내고, 황 성분의 증가는 커피를 장기간 보관할 때 나타나는 케케묵은 냄새의 원인으로 작용한다.

- 단당류, 서당의 캐러멜 작용 → 캐러멜 생성(Yellow → Brown → Black)
- 아미노산의 메일라드 작용 → 멜라노이딘 생성(Yellow → Brown → Black)
- 클로로제닉산의 가열 작용 → 휴민산 생성(Yed → Brown → Black)

2. 커피의 생리활성 물질

커피에는 다양한 특성을 가진 화학 성분이 있으며, 커피에 용해된 성분의 작용과 효능에 따라 건강에 미치는 영향도 다르게 나타날 수 있다. 커피에는 인체 생리에 영향을 주어 건강과 직결될 수 있는 성분, 즉 생리활성 물질(Bioactive Substance)이 있는데, 그 종류가 다양하다.

커피의 생리활성 물질과 그 효능에 관한 연구는 주로 해외 학술지를 통해 보고되고 있다. 생리활성 물질의 효능에 대해 논란은 있으나, 일부 연구자들은 커피를 기능성 식품 또는 약용 식물로 제안한다. 여기에서는 건강에 도움이 되는 커피 성분을 주요 생리활성 물질로 간주하고, 이들에 대한 생리적 작용과 기능을 살펴보자.

생리활성 물질의 종류	
아그마틴(agmatine)	안토시아닌(anthocyanins)
카페인산(caffeic acid)	카페인(caffeine)
카테킨(catechins)	클로로제닉산(chlorogenic acid)
크로뮴(chromium)	디테르펜(diterpene)
페놀산(ferrulic acid)	플라보노이드(flavonoids)
마그네슘(magnesium)	니코틴산(nicotinic acid)
폴리페놀(polyphenls)	피로가르산(pyrogallic acid)
퀴놀린산(quinolinic acid)	세로토닌(serotonin)
수용성 섬유(soluble fiber)	스페르미딘(spermidine)
타닌산(tannic acid)	트리고넬린(trigonelline)

1) 카페인(Caffeine)

커피의 쓴맛 성분인 카페인은 트라이메틸 퓨린염기(trimethyl purine base)에 속하며, 커피 알칼로이드 중 함량이 제일 높다. 커피의 카페인 양은 추출 방법에 따라 그 변화의 폭이 크며, 커피 음용 시 개인에 따라 나타나는 생리적 특이 반응은 카페인의 일부 작용으로 알려져 있다. 커피 카페인은 생두에 해로운 미생물과 세균 오염을 예방하는 항균 효과가 있으므로 생두의 위생적 관리 차원에서 유익한 성분으로 작용할 수 있다.

- 유해 곰팡이를 번식시켜 식품 부패를 초래하는 특정 곰팡이(aspergillus속, penicillium속)의 성장을 억제하는 항곰팡이 예방효과가 있다.
- 곰팡이 독(mycotoxin)의 일종인 아플라톡신, 오크라톡신 등의 생성을 예방하는 항박테리아 효과가 있다.
- 동물실험에서 '햇빛 차단' 효과가 있으며, 자외선 노출에 의한 암 유발을 억제하는 기능이 있다.
- 생리적 효능으로 한시적 활력을 제공하고, 경한 정도의 이뇨 효과 등이 있다.
- 여성의 경우 임신기, 수유기의 건강관리를 위해 200mg/day(커피 2잔 정도) 이하로 카페인 섭취를 줄일 것을 권장한다.

음료, 기타 식품의 종류	추출 방법	카페인 함량(mg)	
		평균치	변동 범위
커피 coffee(8oz)	드립 추출	85	65~120
	퍼콜레이터 추출	75	60~85
	무카페인 커피 추출	3	2~4
	에스프레소(1온스)	40	30~50

음료, 기타 식품의 종류	추출 방법	카페인 함량(mg)	
		평균치	변동 범위
차 tea(8oz)	침출	40	20~90
	인스턴트	28	24~31
	찬 침출	25	9~50
청량음료(8oz)		24	20~40
에너지 음료		80	0~80
코코아 음료(8oz)		6	3~32
코코아 우유 음료(8oz)		5	2~7
밀크 초콜릿(1oz)		6	1~15
다크 초콜릿(1oz)		20	5~35
초콜릿 시럽(1oz)		4	4

2) 클로로제닉산(5~Caffeoyquinic Acid)

커피에는 다양한 퀴닌산 유도물질이 있는데, 그중 클로로제닉산이 특징적인 작용과 효능을 가진 가장 중요한 성분이다. 커피의 클로로제닉산 함량은 아라비카종 3.8~7.0%, 로부스타종 5.7~8.6% 정도이다. 그러나 로스팅할 때 온도가 높아짐에 따라 클로로제닉산 함량이 현저히 줄고, 강한 볶음의 원두에는 2~3% 정도만 남는다.

페놀성 물질인 클로로제닉산은 해로운 활성산소와 기타 유리 라디칼을 제거하는 항산화 기능을 나타낸다. 또한 활성산소 중 치명적인 산화에 따른 스트레스를 초래하는 수산화 라디칼을 제거하는 능력이 탁월하다. 인체 생리와 관련해 클로로제닉산은 흡수율과 대사율이 높아서 적당량의 커피는 산화에 따른 스트레스를 경감하는 데 도움이 될 수 있다.

3) 카페인산(3,4-dihydroxycinnamic acid)

커피콩 등의 열매에서 카페인산은 퀴닌산과 에스테르화된 형태로 있으며, 커피의 대표 산으로 알려진 클로로제닉산의 유도체를 생성한다. 카페인산은 해로운 활성산소 라디칼을 제거하여 세포막 산화를 예방하는 페놀성 물질로 알려져 있다.

특히 활성산소 중 반응성이 강한 과산화수소에 대한 소거 능력이 뛰어나므로 산화한 손상을 예방할 수 있는 항산화 효능이 높다고 할 수 있다. 불포화지방산의 과산화 억제 기능도 있으며, BHA · BHT · 알파 토코페롤 등의 항산화제와 비슷한 정도의 효능을 보인다.

4) 카월 · 카페스톨

커피의 지방 성분인 카월(kahweol)과 카페스톨(cafestol)은 20개 탄소를 가진 탄화수소 구조로 이루어진 다이터펜(diterpene) 그룹에 속한다. 이들은 커피에서만 볼 수 있는 특이한 지방인데, 일반 식품의 지방과 달리 생리활성 물질로 작용하며, 건강 기능을 보유한다. 세포 성분에 대한 반응성이 강하여 산화한 손상을 유발하는 활성산소 생성을 억제하고, 산화에 따른 스트레스를 예방하는 것으로 알려져 있다.

또한 동물실험에서 커피의 카월, 카페스톨이 독극물과 발암물질에 대한 보호 작용이 있는 것으로 나타난다. 즉, 독극물 노출 시 이들 커피 지방은 독극물 활성화 효소의 작용을 억제하고, 항독성 효능을 발휘하여 간세포를 보고한다. 발암물질에 대한 생두의 항 발암 효능의 일부분도 이들 성분의 작용에 의한 것으로 보인다.

커피의 지방 조성에서 카월, 카페스톨의 함량은 극미량이지만, 생리활성 물질의 역할 비중은 크다. 즉, 해로운 활성산소와 유리 라디칼이 생성되는 것을 억제함으로써 산화에 따른 스트레스를 경감시키는 항산화 작용을 하며, 독극물과 발암물질에 대해 해독작용과 유사한 기능을 보인다.

5) 니코틴산(Nicotinic acid)

니코틴산은 니아신 또는 비타민 B₃로 불리는 수용성 비타민으로 커피에 미량 존재한다.

커피의 로스팅 과정에서도 니코틴산이 생성되는데, 생두에 1% 정도 있는 트리고넬린의 열분해 때문에 니코틴산이 합성된다. 이때 기타 신물질도 함께 합성된다. 로스팅 정도에 따라 원두의 니아신 함량이 다른데, 약하게 볶은 원두에 10mg/100g, 강하게 볶았을 때 40mg/100g 정도이다. 강하게 로스팅하는 이탈리안 커피에 니아신 함량이 더 높으며, 커피를 마실 때 원두에 있는 니아신 총량의 85% 정도가 섭취되는 것으로 본다.

니아신은 체내 대사 작용에 필수적으로 요구되는 조효소를 합성하여 대사를 원활히 하며, 기억력 증진 및 고콜레스테롤 치료 등에도 이용된다.

- 적당히 잘 볶은 원두에 니코틴산 함량이 더 풍부하며, 커피 한 잔에 최고 80mg 니코틴산이 함유된다.(식품 중 니아신 함량이 높은 육류, 생선 등과 비슷한 함량이다)

6) 멜라노이딘(Melanoidins)

로스팅 과정의 높은 열에 의해 생두의 당류와 아미노산 간의 메일라드 반응으로 생성된 고분자 물질이 멜라노이딘이다. 멜라노이딘은 인체에 유해한 활성산소를 제거하는 항산화 능력이 있으며, 항암 효능을 나타내는 것으로 보고되고 있다.

커피 추출물을 이용한 동물실험에서 일부 멜라노이딘 물질이 지질 과산화를 억제하는 효과를 보인다. 이와 같은 물질은 세포막 성분 중 산화적 손상이 쉽게 일어나는 불포화지방산을 보호하고, 지질 과산화의 연속 고리를 차단할 수 있다.

3. 커피의 긍정적인 영향

1) 위암 예방 효과

일본 아이치현 암센터 연구소 연구진(다케자키 토시로 등)은 약 2만 명을 대상으로 실시한 역학 조사에서 커피를 매일 3잔 이상 마시는 습관이 있는 사람은 마시지 않는 사람보다 위암에 걸릴 위험률이 절반 정도밖에 안 되는 것으로 밝혀졌다고 발표했다. 이 연구소에서는 지난 96년도에도 커피와 직장암과의 관계를 조사, 커피가 직장암 발생을 억제한다는 것을 밝혀낸 바 있다.

이처럼 커피가 위암 발생률을 낮추는 것은 커피에 포함되어 있는 항산화 물질 등이 암세포 발생을 억제하고 커피를 즐겨 마시는 사람들이 좋아하는 서양식 식생활이 위암에 대해 예방적으로 작용하기 때문인 것으로 분석됐다.

2) 간암 예방 효과

일본 산교의과대학 연구진(도쿠이 노리타카 등)은 7천여 명을 대상으로 커피와 간암 예방 효과를 조사, 발표했다. 커피를 종종 마시는 사람은 전혀 마시지 않는 사람보다 간암으로 사망할 위험률이 30% 낮고, 커피를 매일 마시는 사람의 경우는 60%나 사망률이 낮은 것으로 밝혀졌다.

3) 혈압 강화 효과

커피를 마시면 일시적으로 혈압이 올라간다. 그래서 이제까지는 커피는 혈압을 올라가게 한다는 생각이 상식처럼 퍼졌다. 일본 호이 의과대학 연구진(와카바야시 카오스 등)은 약 4천 명의 중년 남성들을 대상으로 커피를 마시는 습관과 혈압과의 관계를 조사했다. 그 결과 커피를 즐겨 마시는 사람은 오히려 혈압이 낮은 것으로 밝혀졌다.

그에 따르면 커피를 매일 1잔 마시면 확실히 최대혈압이 0.6mmHg, 최소혈압이 0.4mmHg 내려가는 것으로 밝혀졌다. 그리고 매일 커피를 마시는 양이 늘어남에 따라 혈압이 내려가는 정도가 비례했다.

4) 당뇨병 예방 효과

커피의 혈당 강화 효과가 뛰어나 당뇨병의 혈당 수치를 50% 이상 감소시킨 임상 결과가 발표되기도 했다. 실제로 당뇨병으로 고생하고 있는 사람에게 하루 3잔 신선한 블랙커피를 마시게 했는데 몸이 아주 좋아졌다.

5) 계산력 향상 효과

카페인이 들어있는 식품이 머리를 맑게 해주고 일의 능률을 향상한다는 것은 일상적으로 많은 사람들이 경험하고 있다. 그러면 왜 커피를 마시면 계산력이 향상되는 것인가. 연구자들은 카페인에는 신경을 활성화하는 작용이 있기 때문인 것으로 생각하고 있다.

하루 120~200mg(커피 1~2잔) 정도 섭취한 카페인은 대뇌피질 전반에 작용, 사고력을 높이고 의식을 맑게 해 지적인 작업을 활발히 할 수 있도록 해준다. 단, 일의 능률을 높이기 위해 여러 잔의 커피를 계속 마시는 사람이 있는데, 커피 성분엔 위산분비를 촉진하는 작용도 있기 때문에 위가 약한 사람은 주의할 필요가 있다.

6) 다이어트 효과

(1) 커피는 대사를 항진시켜 체중 감량을 도와주기도 한다.

카페인은 신체의 에너지 소비량을 약 10% 올린다. 즉 같은 것을 먹어도 카페인을 섭취한 사람 쪽이 칼로리 소비가 1할 높게 되어 비만을 방지한다. 카페인은 글리코겐보다 먼저 피하지방을 에너지로 변환하는 작용을 한다.

(2) 음주 후 숙취 예방과 해소

술에 취한다는 것은 알코올이 체내에 분해되어 아세트알데히드로 변하는 것이며 이것이 몸에 오랫동안 남아 있는 것이 숙취 현상이다. 카페인은 간 기능을 활발하게 해 아세트알데히드 분해를 빠르게 하고 신장의 움직임을 활발하게 하여 배설을 촉진한다. 술을 마신 후 한 잔의 물과 커피를 마시면 큰 도움이 된다.

(3) 입 냄새 예방

커피에 함유된 Furan류에도 같은 효과가 있다. 특히 마늘 냄새를 없애는 효과가 높다. 단, 커피에 우유나 크림을 넣으면 Furan류가 먼저 이쪽에 결합하므로 효과가 없어진다.

- 하루에 커피 4잔 이상을 마시는 사람은 그렇지 않은 사람에 비해 대장암에 걸릴 확률이 24%가량 낮다.
- 커피는 우울증과 자살률을 떨어뜨리고 알코올 중독을 치료하는 효과가 있다.
- 지구력을 높인다. (마라톤 선수가 마시는 음료 중에 카페인 음료가 많은 것은 이 때문이다.)

(4) 노화 방지 및 치매 예방 효과

폴리페놀이 노화의 주범인 활성산소를 제거하여 노화를 방지하고, 트리고넬린은 치매를 예방한다. 하루 3~5잔의 커피는 체질에 따라 건강에 좋으나, 임산부나 어린이는 1잔 이내로 마시는 것이 좋다.

최근 유명 커피점에서 판매되는 휘핑크림이 포함된 20온스(600mL) 커피의 경우, 고칼로리(720kcal), 고지방(포화지방 11g)으로, 많이 섭취하게 되면 체중 증가와 성인병의 원인이 된다. 달콤하고, 크리미한 맛에 길들여져 커피를 과다섭취하게 된다.

4. 커피의 부정적인 영향

- 커피를 마시면 나타나는 대표적인 증상으로는 숙면을 취할 수 없다는 것이다. 커피 속의 카페인이 중추신경을 자극하기 때문이다. 카페인의 혈중농도가 절반으로 줄어드는 반감기는 대개 4시간이다. 따라서 숙면을 취하기 위해서는 저녁 식사 후 잠들 때까지는 커피를 삼가야 한다.

- 커피는 건강한 사람에게는 중추신경을 자극, 기분 전환과 함께 작업능률을 올려주지만 피로가 쌓인 경우 피로를 더욱 가중하므로 피하는 것이 좋다.

- 커피가 위벽을 자극, 위산 분비를 촉진하고 위장과 식도를 연결하는 괄약근을 느슨하게 만들어 위산이 식도에 역류하여 속 쓰림을 악화시킬 수 있다.

- 하루 6잔의 커피를 마시는 사람에게서 위궤양 발병률이 높다는 보고가 있다.

- 레귤러(Regular) 커피나 디카페인(Decaffeinated) 커피도 마찬가지이다.(그러므로 위산 과다가 있거나 속 쓰림 등 위궤양 증상이 있는 사람도 되도록 커피를 마시지 말아야 한다.)

- 장의 연동작용을 촉진한다. (급만성 장염이나 복통을 동반한 과민성 대장질환자는 금한다)

- 심장병, 동맥경화와의 관계 (하루 5잔 이상의 커피를 마시면 심근경색 발생률이 2~3배 증가함)

- 심장이 예민한 사람에서는 심장이 불규칙하게 뛰는 부정맥을 유발

- 혈압과 콜레스테롤 수치를 높일 수 있다. (대개 카페인 250mg은 호흡수를 늘림과 함께 1시간 내에 수축기 혈압을 10mmHg 상승시키고, 2시간 내에 심박수를 증가시킨다. 또 600mg 정도를 마시면 기관지가 확장된다.)

- 콩팥에 작용, 소변량을 늘려 탈수 현상을 초래하고, 목소리를 잠기게 하는가 하면 불안, 흥분과 같은 부작용을 유발하기도 한다.

- 하루에 커피 3잔 이상 마시면 여성은 임신이 잘 안 될 수 있고, 임신한 여성은 조산의 위험이 커진다는 연구 결과도 있다.

결론적으로, 커피는 기호식품일 뿐이다. 건강과 관련지어 지나친 걱정이나 기대를 하는 것은 바람직하지 않다. 중요한 것은 사람마다 유전적으로 카페인 분해능력에 차이가 있으므로 스스로 경험을 통해 적당량을 조절해 마셔야 한다.

COFFEE
&
WINE

Wine

I 와인

1. 와인의 정의

와인(Wine)은 포도의 즙을 발효시켜서 만든 양조주이다. 와인의 어원은 '술'이란 뜻의 라틴어 '비눔(Vinum)'에서 유래했다. 이탈리아어와 스페인어로는 '비노(Vino)'로 철자는 같지만, 발음은 약간 다르며, 프랑스어로는 '뱅(Vin)'이다.

와인이 생활화되면서 여러 가지 술에도 관심이 있는 애호가들이 생겨났다. 또한 외국의 와인과 한국의 와인을 비교하며, 맛과 향을 평가하기도 한다. 한국 술의 세계화를 위하여, 표준 조리법과 제조 방법, 라벨링 등에 관심을 가지며, 한국 술을 영어로 번역하여 세계에 알리고 있다.

요즘은 사과, 배, 머루 등을 이용하여 만든 음료도 와인이며, 곡류(쌀:Rice Wine)를 이용하

여 만든 양조주도 와인으로 부르고 있다. 즉, 블루베리 와인, 라즈베리 와인, 아이스베리 와인, 체리 와인, 감 와인 등도 와인으로 칭한다. 곡주인 청주, 황주, 사케까지 Rice Wine이라고 표현한다.

매년 생산되는 와인의 종류는 셀 수 없이 많으며, 세계 시장은 확대를 거듭하고 있다. 최근엔 옐로 와인(Yellow Wine)이나 앰버 와인(Amber Wine) 등 기존 분류에 새로운 종류가 추가되기도 했다.

와인(Wine)의 성분을 들여다보면, 레드와인 기준 평균적으로 수분 86%, 에탄올(알코올) 12%, 글리세롤 1%, 유기산 0.4%, 타닌 및 폴리페놀계 화합물 0.1%, 기타 성분 0.5%로 구성된다.

2. 와인의 역사

1) 고대의 와인

(1) 기원전 6000년~기원전 500년

와인의 기원은 기원전 6000년경으로 추정되며, 현재는 조지아(Georgia)와 이란 지역에서 시작된 것으로 알려져 있으며, 이 지역에서 가장 오래된 와인 제조의 흔적이 발견되었다.

(2) 고대 이집트와 메소포타미아

와인은 기원전 3000년경 고대 이집트와 메소포타미아에서도 제조되었다는 설이 있다. 이집트의 파라오와 귀족들은 와인을 즐겼으며, 종교의식에서도 사용되었다.

(3) 고대 그리스와 로마

기원전 1000년경, 그리스인들은 와인을 상업화하고 전파하였다. 로마 제국은 와인 제조 기술을 발전시키고, 유럽 전역에 포도 재배와 와인 문화를 확산시켰다.

2) 중세 유럽(500년~1500년)

(1) 기독교의 역할

중세 유럽에서는 기독교가 와인 문화의 중심이었다. 수도원에서 와인을 제조하며, 미사와 종교의식에 사용하였다.

(2) 포도 재배의 확산

수도사들은 와인 제조 기술을 발전시키고, 유럽 전역에 포도원을 설립했다. 이에 따라 프랑스, 이탈리아, 스페인 등의 많은 와인생산 지역이 형성되었다.

3) 르네상스와 근대 초기(1500년~1800년)

(1) 탐험과 교역

르네상스 시대에 유럽인들이 아메리카 대륙과 아시아로 탐험을 떠나면서, 와인도 함께 전파되었다. 신대륙에서의 포도 재배와 와인 생산이 시작되는 계기가 되었다.

(2) 와인 제조 기술의 발전

이 시기에 와인 제조 기술이 더욱 발전하고, 병입 와인이 등장하면서 와인의 보관과 유통이 쉬워졌다.

4) 근대 산업혁명(1800년~1900년)

(1) 산업혁명

산업혁명으로 인해 와인생산이 기계화되고, 대량 생산할 수 있었다. 이는 와인 가격을 낮추고, 더 많은 사람이 와인을 즐길 수 있게 만들었다.

(2) 필록세라 전염병

19세기 후반, 유럽의 포도밭은 필록세라 해충으로 인해 큰 피해를 보았다. 이를 극복하기 위해 미국산 포도나무 뿌리(Stock)를 접목하는 방법이 도입되었다.

5) 현대(1900년~현재)

(1) 신세계 와인의 부상

15세기부터 유럽인들은 아메리카 대륙, 오스트레일리아, 남아프리카 등지로 이주하기 시작했다. 이 과정에서 유럽의 포도 재배와 와인 제조 기술도 함께 전파되었고, 유럽 이외의 지역인 신세계(New World)에서의 와인이 나타나게 되었다.

이주자들은 유럽에서 가져온 포도나무를 새로운 대륙에 심었고, 현지의 기후와 토양에 맞게 적응시키며, 와인을 양조했다. 특히 미국, 칠레, 아르헨티나 등지에서 포도 재배가 성공적으로 이루어지며, 새로운 신생국들도 와인생산에 집중하게 되었다.

신세계의 여러 지역은 포도 재배에 적합한 기후와 토양을 가지고 있었다. 특히 캘리포니아, 호주, 뉴질랜드 등의 지역은 일조량이 풍부하고, 포도가 잘 익을 수 있는 조건을 갖추고 있었다. 신세계의 다양한 기후와 토양 조건 덕분에, 유럽과는 다른 독특한 스타일의 와인이 생산될 수 있었다. 이는 와인 애호가들에게 새로운 맛과 향을 제공하게 되었다.

신세계 와인 생산자들은 전통적인 방법에 얽매이지 않고, 최신 와인 제조 기술을 적극적으로 도입했다. 이는 와인의 품질 향상과 대량 생산을 가능하게 했다. 이러한 제조 과정에서의 혁신적인 변화는 신세계 와인의 특징을 더욱 두드러지게 만들었으며, 전 세계로 수출하여 와인을 세계 시장으로 확장하는 계기가 되었다.

또한 신세계 와인 생산자들은 판매 전략과 상표 인지도 향상에 큰 노력을 기울였다. 포도 품종을 레이블에 명확히 표시하고, 소비자 친화적인 접근을 통해 시장에서 인기를 끌었다.

(2) 와인 관광

와인 제조업체 투어와 와인 시음 행사를 통해 와인 애호가들의 관심을 끌고, 브랜드 인지도를 높였다.

(3) 현대의 와인 시장

① 다양성과 혁신

현대 와인 시장은 다양한 스타일과 품종을 포함하며, 지속 가능한 와인생산과 자연 친화적인 농업 방식이 주목받고 있다.

② 와인 문화의 확산

와인 투어와 와인 시음 이벤트, 와인 교육 프로그램 등이 와인 문화를 더욱 확산시키고 있다.

이처럼 와인의 역사는 고대부터 현대에 이르기까지 긴 시간에 걸쳐 발전해 왔으며, 시대마다 다양한 변화를 겪었다. 와인은 단순한 음료를 넘어서 문화와 역사의 중요한 부분으로 자리 잡고 있다.

3. 와인과 종교

로마 가톨릭 교회에서의 미사(Missa)는 하나님을 찬양하는 대표적인 종교의식이다. 예수님께서 만드신 7가지 성사 중에 '성체성사'에 해당한다. 7가지 성사는 세례성사, 성체성사, 고해성사, 견진성사, 성품성사, 혼인성사, 병자성사이다.

미사는 예수 그리스도가 수난받으신 전날 '최후의 만찬'을 재현하며, 성체와 성혈을 모시어 하나님을 찬양하는 것이다. 성체성사가 중심이 되는 라틴 미사의 마지막 부분에서 사제 또는 부제가 "가십시오. 나는 그대를 보냅니다(Ite, Missa Est)" "미사가 끝났으니 돌아가 복음을 전하시오" 라고 하며, 미사를 마친다.

여기에서 'Missa'가 나왔는데, '보낸다', '파견한다'라는 뜻의 라틴어에서 유래되었다. 일반적으로 미사를 집전하는 사제들과 신자들은 빵을 나누며, 와인을 마신다. 와인은 주로 얼룩이 남지 않는 화이트와인을 사용하는데, 개신교의 성찬식에서는 레드와인을 쓰기도 한다.

성경에도 최후의 만찬으로 인하여 그리스도교가 전파된 나라에서는 무조건 와인이 존재한다. 신세계 와인 생산국 중 하나님을 믿는 이민자들 대부분이 성체성사용 와인을 얻기 위해 포도 재배를 시작하였다.

또한 인류 최초 우주에서의 성찬식은 1969년 유인 우주선 아폴로 11호에서 버즈 올드린(Buzz Aldrin)이 마신 와인이다. 달 착륙과 함께 자신이 가져간 와인으로 미사를 드리고 와인을 마셨다고 한다.

또한 정교회에서도 거의 비슷하게 행하며 마찬가지로 정교회가 전파된 나라에도 와인이 존재한다.

개신교에선 술 자체를 금지하지만, 종교 개혁가들은 '음주는 하되 과음하지 말라'라고 주장하며, 성만찬을 중시하였다. 특히 와인은 예수와의 마지막 만찬, 즉 보혈이라 여기며 중요하게 여겼다. 현대에 이르러 일부 교파 또는 금주를 강력히 주장하는 교단에서도 성만찬에 한정해서 와인 정도는 허용하는 경우가 많다.

한국 초기의 개신교는 금주 정책이 있었으며, 보수적인 교회들은 대부분 알코올 성분이 없는 붉은 주스나 성찬용 포도즙만을 사용했다.

이슬람교는 술을 금지하는 강력한 교리(코란)가 있어서 와인 또한 금지하였다. 서구권처럼 세속주의가 아주 강한 곳들은 와인을 마셨다. 이란의 왕조시대에는 300여 개의 와인 제조업체가 있었으며, '시라즈'와 같은 와인이 유명하였으나, 강력한 금주 정책과 이슬람 혁명으로 불법화되어 한때 와인 생산자들은 큰 타격을 입기도 했다.

현대에 이르러는 이슬람 사회에서는 알코올 애호가들의 증가로 인하여 '코란에서 지칭하는 술은 와인이므로 와인만 마시지 않으면 된다'고 해석하여 와인을 제외한 대추야자 술과 같은 다른 술을 마시기도 한다.

한편, 1952년 사우디에서는 술의 제조·판매·음용을 모두 금지하였다. 그러나 국가적인 정치와 교류 등 불편한 사항이 많았으며, 72년 만에 비이슬람 외교관만을 대상으로 주류 판매장을 허용하게 되었다. 사우디의 주류 판매장의 허용은 이슬람권의 큰 변화이다. 조금은 늦을 수 있겠지만, 이는 종교와 문화 개혁의 바람으로 기대되는 중요한 부분이다.

4. 한국의 와인

한국 와인의 시작은 프랑스인 신부 앙투안 공베르가 포도를 들여오면서부터이다. 1900년경 경기도 안성에 파견된 공베르 신부는 독실한 카톨릭 신자 가정의 아들이었다. 9남매 중 4명의 형제가 신부가 되었고, 3명의 누이가 동정녀로 살았다고 한다. 공베르 신부는 한국의 작은 마을에서 선교활동을 하면서, 지역 주민들의 교육을 위하여 학교를 설립하는가 하면, 성체성사에 사용할 와인을 직접 마련하기 위해, 프랑스에서 포도 묘목을 들여와 성당 근처 안성에서 재배하기 시작하였다.

현재까지 미사에 사용되는 와인은 다른 첨가물이 들어가지 않고 순수하게 100% 포도만으로 빚어서 만들어지는 성체성사 전용 와인인 롯데주류의 '마주앙'이다.

● 한국 와인의 역사

- 한국에 와인이 처음 소개된 것은 고려 충렬왕 때다.
- 조선 시대에 편찬한 『고려사(高麗史)』를 보면 "원 황제(쿠빌라이 칸)가 고려왕(충렬왕)에게 와인을 하사한다"라는 대목이 나온다.
- 원나라와 관련 깊은 고려 학자들이 종종 와인이 선물 받았다는 기록을 찾아볼 수 있다.
- 조선 시대에는 대일 통신부사 김세렴이 쓴 『해사록(海笑錄)』에는 "레드와인을 대마도에서 대마도주와 대좌하면서 마셨다"라는 기록이 있다.
- 우리나라에서 우리 기술로 만든 최초의 와인은 1969년에 파라다이스라는 브랜드에서 사과로 만든 시드르(Cidre)이다.
- 1960년대 중반 독일을 방문한 박정희 대통령이 리슬링 와인을 마셔본 후, 모래와 자갈이 있는 척박한 땅에서도 잘 자라는 포도나무의 특성을 이해하고 포도나무 재배를 장려했다.
- 1973년 경북 청하와 밀양에 동양 맥주(지금의 OB맥주)가 포도원을 조성하였다.
- 1977년에 '마주앙'이라는 한국 최초의 와인이 출시되었다. (마주앙은 아시아 최초로 교황청이 인정한 공식 미사주로 지정됨)
- 1974년 해태 주조가 노블 와인을 만들고 100년 뒤인 2075년에 공개하기로 했다. (1975년 국회의사당 설립 때 입구 양쪽의 해태상 밑에 노블 와인을 36병씩 묻음)
- 1980년대 와인은 일반인에게 알려지며, 식사와 각종 행사를 빛내는 호황의 시기였다.
- 1986년, 1988년 아시안 게임과 올림픽 등으로 우리나라를 세계에 알리는 시기였다. 해외여행 자유화와 자유무역으로 원활한 유통이 시작되었으며 수출과 함께 외국 물품들이 쏟아져 들어오게 되었다. 이때 다양한 외국 와인이 들어오며, 국산 와인은 맛, 향, 스토리, 마케팅 등에서 밀렸다.
- 기후적으로 불리한 조건과 양조 기술의 부재, 양조용 포도의 부적합 등으로 인하여 품질이 매우 떨어져 와인으로 발전하기에 부족했다.
- 2010년 정부 차원의 지원 정책이 생기면서 와인이 지역의 새로운 콘텐츠로 불리게 된다. (성공 사례: 충북 영동군)

현재 한국의 와인은 OEM 방식으로 해외에서 만들어 수입하거나 오크통째 수입해, 국내에서 병입하기도 하며, 국내에서 생산된 와인을 일부 혼합해 판매하는데 미사주만큼은 전용 농장에서 국내산 포도만으로 생산하고 있다.

II 포도나무 재배 환경과 양조 과정

1. 포도나무

학명은 Vitis vinifera이고, 쌍떡잎식물이며, 갈매 나무목의 포도과 또는 포도덩굴이라고 불리는 낙엽성 덩굴식물이다. 포도는 꽃 속에 있는 생식기관으로 번식되며, 바람이나 동물에 의해 암술과 수술의 수정이 이루어지는 식물이다.

포도는 북위 50도와 남위 50도 사이의 지역에서 자라게 되는데, 이 경계선을 와인벨트 (Wine Belt)라고 한다. 와인벨트에 속해있다고 해서 포도나무가 다 잘 자라는 것은 아니다. 날씨와 토양, 강우량 등 재배 환경이, 4~6년 된 포도나무에서 수확한 포도부터 와인을 양조한다. 포도나무의 수명은 약 80~100년 이상이다.

프랑스 와인 중 뷔에 빈(Vieilles Vignes)이라고 표기된 와인은 포도나무가 적어도 35년 이상된 포도나무에서 수확한 포도나무로 와인을 양조했을 때 레이블에 표기한다. 대부분 포도나무가 25년 이상이 되면 포도 수확량이 급격히 줄기 때문에 포도나무를 뽑아버린다. 오래된 포도나무를 관리한다는 것은 많은 정성과 노력이 필요하다. 뷔에 빈은 정성만큼 귀한 대접을 받는 와인이다.

8~10월에 무르익는 포도 열매는 모양도 색도 다양하다. 짙은 자줏빛을 띤 검은색과 불그스름한 빛을 띤 붉은색, 노란빛을 띤 녹색 등의 열매껍질이 있으며, 크기도 다양하지만, 과형(果形) 또한 공 모양, 타원 모양, 양 끝이 뾰족한 원기둥 모양 등 다양하다.

1) 유럽종(Vitis Vinifera)과 미국종(Vitis Labrusca)

와인을 선택할 때 꼭 알아야 하는 정보 중 하나로 포도 품종이다.

포도 품종을 크게 두 가지로 나눈다면, 유럽종(Vitis Vinifera)과 미국종(Vitis Labrusca)으로 나눌 수 있다. 양조용과 생식용의 차이가 있으며, 양조용 포도는 생식용 포도에 비해 포도알 크기가 작으며, 과육과 비교해 볼 때 열매껍질의 비율이 높다.

생식용 포도의 당도는 17~19브릭스 당도를 지니지만, 양조용 포도는 평균 24~26브릭스의 당도로 높으며, 산도 또한 높다.

한국에서 키우는 캠벨(Campbell Early)종과 델라웨어(Delaware), 거봉(Kyoho) 등은 와인 제조용이 아닌 일반 생식용이다. 당도가 매우 부족하여 당을 첨가해서 와인을 생산하기도 한다. 그 외 다른 종이 있기는 하지만, 수요와 공급이 적은 편이다. 한국의 야생 품종으로는 머루 포도와 개량 품종으로는 과형(果形)의 크기가 큰 거봉이 있다.

2) 품종에 따른 특징

(1) Cabernet Sauvignon

전 세계에서 가장 널리 재배되는 적포도 품종 중 하나이다. 따뜻한 기후에서 잘 자라며, 주로 프랑스 보르도 지역과 미국 캘리포니아에서 유명하다.

진한 색과 높은 타닌을 가진 와인으로, 블랙커런트와 블랙베리 같은 짙은 과일 향이 특징이다. 숙성되면 초콜릿, 흑연, 담배 등의 복합적인 아로마가 나타난다.

(2) Pinot Noir

서늘한 기후를 선호하며, 프랑스 부르고뉴 지역이 대표적이다. 매우 민감한 품종으로 재배가 어렵지만, 고품질 와인을 생산한다.

가벼운(Light) 색과 부드러운 타닌을 가진 와인으로, 체리와 라즈베리 같은 붉은 과일 향이 두드러진다. 추가로 버섯, 흙, 향신료 등의 아로마도 느껴진다.

(3) Chardonnay

다양한 기후에서 잘 자라며, 특히 프랑스 부르고뉴와 미국 캘리포니아에서 많이 재배된다. 다양한 여러 가지 스타일로 만들 수 있으며, 사과와 배 같은 과일 향부터 시트러스, 열대과일까지 다양한 아로마를 가질 수 있다. 오크 숙성 시 버터, 바닐라, 헤이즐넛 등의 향도 나타난다.

(4) Merlot

따뜻한 기후를 선호하며, 프랑스 보르도와 이탈리아 토스카나 지역이 대표 생산지이다. 부드러운 타닌과 풍부한 과일 향 특히, 자두와 체리 같은 과일 향 외에도 초콜릿, 커피, 허브 등의 아로마가 특징이다.

(5) Syrah/Shiraz

따뜻한 기후를 좋아하며, 프랑스 론 밸리와 호주에서 많이 재배된다. 진한 색과 높은 타닌, 강한 향이 특징이다.

향이 강하고 타닌이 높은 와인으로, 블랙베리와 블루베리 같은 짙은 과일 향과 함께 후추, 고기, 스모크(Smoke) 등의 복합적인 아로마가 느껴진다.

(6) Sauvignon Blanc

서늘한 기후에서 잘 자라며, 프랑스 루아르 밸리와 뉴질랜드가 유명하다. 신선한 산도와 향이 특징이다.

(7) Riesling

서늘한 기후를 선호하며, 독일 라인강 지역이 대표적이다. 높은 산도와 복숭아, 라임 향이 특징이다.

높은 산도와 신선한 과일 향이 특징이며, 복숭아와 살구 같은 과일 향 외에도 라임, 미네랄, 꿀, 꽃 향이 느껴진다.

(8) Tempranillo

온화한 기후를 좋아하며, 스페인 리오하 지역이 대표적이다. 중간 타닌과 체리, 딸기 향이 특징이다.

중간 정도의 타닌과 산도를 가진 와인으로, 체리와 딸기 같은 붉은 과일 향과 함께 담배, 가죽, 바닐라, 감초, 허브 등의 아로마가 나타난다.

포도 품종	특징	재배 환경
Cabernet Sauvignon	진한 색, 높은 타닌, 블랙커런트, 블랙베리, 자두, 초콜릿, 흑연, 담배, 후추	기후: 따뜻한 기후 토양: 자갈 및 배수가 잘되는 토양 수확시기: 늦은 여름/초가을 재배 온도: 18~22°C (64~72°F) 강수량: 600~800mm/년
Pinot Noir	연한 색, 낮은 타닌, 체리, 라즈베리, 딸기, 장미, 버섯, 흙, 바닐라, 향신료	기후: 서늘한 기후 토양: 석회암과 점토 수확시기: 초가을 재배 온도: 16~20°C (61~68°F) 강수량: 700~1,000mm/년
Chardonnay	다양한 스타일, 사과, 배, 시트러스, 열대과일(파인애플, 망고), 버터, 바닐라, 헤이즐넛	기후: 온화한 기후 토양: 석회암, 점토, 자갈 수확시기: 초가을 재배 온도: 17~21°C (63~70°F) 강수량: 600~800mm/년
Merlot	부드러운 타닌, 자두, 체리, 초콜릿, 커피, 허브, 블랙베리, 바닐라	기후: 따뜻한 기후 토양: 점토 및 배수가 잘되는 토양 수확시기: 중간에서 늦은 여름 재배 온도: 18~24°C (64~75°F) 강수량: 700~900mm/년
Syrah/Shiraz	진한 색, 높은 타닌, 블랙베리, 블루베리, 후추, 고기, 스모크, 초콜릿, 감초	기후: 따뜻한 기후 토양: 자갈 및 배수가 잘되는 토양 수확시기: 늦은 여름/초가을 재배 온도: 18~25°C (64~77°F) 강수량: 500~700mm/년

Sauvignon Blanc	신선한 산도, 시트러스(레몬, 라임), 사과, 패션프루트, 구스베리, 허브, 풀 향	기후: 서늘한 기후 토양: 석회암과 점토 수확시기: 초가을 재배 온도: 16~20°C (61~68°F) 강수량: 700~1000mm/년
Riesling	높은 산도, 복숭아, 살구, 사과, 라임, 미네랄, 꿀, 꽃 향	기후: 서늘한 기후 토양: 점토와 석회암 수확시기: 초가을 재배 온도: 15~18°C (59~64°F) 강수량: 600~800mm/년
Tempranillo	중간 타닌, 체리와 딸기향 체리, 딸기, 블랙베리, 담배, 가죽, 바닐라, 감초, 허브	기후: 온화한 기후 토양: 점토와 석회암 수확시기: 중간에서 늦은 여름 재배 온도: 17~22°C (63~72°F) 강수량: 400~600mm/년

2. 재배 환경 및 재배 방법

포도나무의 번식은 주로 필록세라 저항성 대목을 사용한 접목으로 이루어진다. 그러나 필록세라가 없는 곳에서는 꺾꽂이에 의한 발근(發根)을 한다. 발근은 겨울에 이루어지며, 3~4개의 눈이 달린 꺾꽂이를 사용한다.

기온은 겨울에 −20℃ 이상, 강수량은 생육기에 1,100mm 이하, 배수가 잘되는 토양이면 전국 어디에서든지 재배할 수 있다. 서구에서는 울타리식이나 지주식이 많지만, 한국에서는 평덕 재배가 보급되고 있다. 겨울에 전정(剪定)을 실시하고, 품종에 따라 2~3눈의 짧은 가지, 또는 6~7눈의 긴 가지를 남긴다.

1) 겨울철 가지치기(Pruning)

다음 해의 포도 수확을 위해 포도나무와 밭을 정비하는 과정이다. 가지치기함으로써 새롭게 자라게 될 새싹의 성장환경을 만들어 주는 것이며, 순을 골라 가지치기함으로써 선택된 새싹에서 건강한 포도 열매가 자라게 된다.

2) 여름철 가지치기(Pruning)

포도나무가 지닌 모든 에너지가 열매를 맺는 데 집중될 수 있도록 넝쿨의 생장환경을 제한하기 위하여 가지치기를 시행한다. 포도 넝쿨의 잎으로 태양의 방향에 따라 생기는 차양을 조절하고, 포도를 햇빛 및 통풍에 적절히 드러내 곰팡이 등의 피해로부터 보호하는 방법으로 가지치기를 시행하는데 이를 캐노피 시스템(Canopy System)이라 한다.

햇빛을 받은 포도는 잘 익지만, 나뭇잎이나 여러 가지 환경으로 햇빛을 충분히 받지 못한 포도는 잘 익지 못하기 때문에 적절한 캐노피 시스템으로 포도가 골고루 잘 익을 수 있도록 해주어야 한다.

3) 트레이닝(Training)

트레이닝의 목적은 잎과 열매를 잘 배치하여 보다 효과적으로 포도를 재배하여 수확하기 위함이다. 트레이닝의 방법도 여러 가지가 있지만, 대표적으로 고블릿과 기요 방식을 사용한다.

4) 고블릿(Goblet)

나무에 원예용 지지대를 대어 위쪽 부분에서 2~4개 정도의 돌출부(Spur)를 그대로 수직으로 기르는 방식이다. 아주 짧은 몸통이며 철사를 구부려 원하는 높이에 따라 수평으로 눕히는 것이다. 대표적으로 프랑스의 보졸레와 론 지역, 스페인의 리오하, 호주의 역사가 오래된 포도밭에서 실시하고 있다.

5) 기요(Guyot)

줄기 한 개와 돌출부(Spur) 한 개를 남기는 싱글 기요방식과 줄기와 돌출부를 두 개씩 남기는 더블 기요방식이 있다. 교체 줄기 방식은 생산성이 낮지만, 열매의 영양 집중도는 매우 높은 것이 특징이다. 모양이 잘 안 잡혀서 수작업으로 해야 하는 어려움이 있지만, 생산량 조절이 쉽다. 대표적으로 프랑스의 보르도 및 부르고뉴에서 많이 사용하는 방식이다.

6) 서리 예방법

포도나무에 영향을 미치는 것 중 하나는 서리이다. 적은 양의 서리로 포도나무가 죽지는 않지만, 심한 서리는 포도나무를 죽게 할 수도 있다. 특히 포도의 새싹이 난 후에 내리는 봄철 서리는 매우 치명적이다. 포도밭을 설계할 때부터 경사진 곳과 포도나무의 성장 온도가 맞는 좋은 곳으로 선택하는 것이 좋다.

● 서리 예방법

- 연기 피우기(Burner, Smudged Pot): 포도밭에 연기를 피워 주변 공기를 따뜻하게 해준다.
- 스프링클러(Sprinkler): 서리가 내리기 전 미리 물을 뿌려 보호막을 할 수 있도록 하는 방법
- 윈드머신(Wind Machine): 바람 기계 등을 이용하여 송풍하는 방법

7) 관개법 및 관개 시설

강수량이 매우 부족한 포도밭에서 물을 주는 방법이다.

강우량이 충분한 특정 지역에서 일부 품종은 관개시설이 없어도 포도 성장에 큰 무리가 없다. 하지만 강우량이 부족한 지역은 관개 시설이 있어야 한다.

모든 과수원이 피해 갈 수 없는 물과 과일의 관계! 포도도 마찬가지로 물이 와인 품질을 결정하는 주요 요인 중 하나이다. 물은 산과 당의 함량 균형에 영향을 미치기 때문에, 와인의 품질은 실제로 식물이 흡수하는 물에 의해 부분적으로 결정된다.

포도원에 필요한 물의 양은 연간 강수량, 증발산, 나무의 연수와 품종, 발달 단계, 성장 기간, 토양 및 환경 및 재배 기술과 같은 여러 요인에 따라 다르다.

구세계 국가에서는 관개 시설을 금지하며, 신세계 국가에서만 허용하고 있다. 구세계 국가에서는 테루아를 강조하며, 자연적인 것을 추구하며, 인위적인 것은 배척한다. 이에 반해 신세계 국가에서는 포도 재배 환경의 단점을 보완하여, 양질의 포도 수확을 위한 재배 기술로 관개 시설을 적극 활용하고 있다. 신세계 국가에서

는 마케팅에 힘쓰며, 관개 시설에서 어떤 물을 사용했는지를 강조하며, 적극적이고 전략적인 유통에 중점을 둔다.

3. 병충해

포도 농사 중 가장 많이 신경을 써야 하는 부분 중 하나는 동물과 해충으로의 피해와 각종 병으로부터의 감염 여부를 확인하고, 미리 대응해야 한다는 점이다. 와이너리에서 포도나무 옆에 장미를 심어 놓는 이유는 장미가 병충해에 약하기 때문에 감염을 미리 확인하기 위함이다.

1) 필록세라(Phylloxera)

1869부터 1895년 동안 프랑스 보르도의 포도나무를 대부분 뽑아야 했던 이유는 병충해 중 가장 강력한 필록세라 때문이었다. 포도나무 뿌리에 기생하는 필록세라는 나무 자체를 베어낼 수밖에 없는 강력한 병충해다. 특히 비티스비니페라(Vitis Vinifera)종이 필록세라에 취약했다.

필록세라는 1800년대의 와인산업에 큰 영향을 끼친 병충해로 기록되면서 해결

방법을 찾기에 많은 시간과 연구가 필요했다. 결국
나무 뿌리에 비시트라 부르스마를 접목하는 방법을
찾아내어 포도밭은 정상 회복되었지만, 긴 시간 와
인산업 관계자들은 신세계로 이동하게 되었고, 신세
계 와인산업 발전에 이바지하게 되었다.

　필록세라에 피해 입지 않은 지역으로는 날씨가
건조하고 뜨거운 스페인, 칠레, 아르헨티나 등이다.

2) 밀듀 곰팡이(Mildew)

(1) 가루 곰팡이(Powdery Mildew)

　포도나무의 초록색 부분에서 가루 형태로 자라며, 따뜻하고 습한 조건에서 바람
을 통해 전이된다. 포도나무는 거미줄 모양의 흉터가 생기며, 흙냄새와 곰팡냄새가
난다.

(2) 노균병(다우니 밀듀, Downy Mildew)

　노균병은 플라스모파라 비티콜라(Plasmopara Viticola)라는 균에 의해 발병한다. 필
록세라와 가루 곰팡이와 더불어 19세기에 미국과 유럽을 휩쓴 포도 역병 중 하나
이다. 흰가루병과는 달리 물을 통해서 전이된다. 포도나무의 녹색 부분에 곰팡이가
생기면, 잎이 떨어지고 포도나무가 썩는 아주 무서운 질병이다. 열매는 회백색 또
는 분홍색으로 바뀐다.

(3) 포도나무 나방(Grape Leaf Roller)

　나무의 싹이 자라는 봄철에는 나무와 잎이 병충해로 공격을 받지만, 열매가 맺
히는 시기에는 나방의 유충이 과일 내부로 침입한다. 이때 포도 열매에 직접적인

피해를 줌으로써 품질이 떨어지고 곰팡이 감염에 취약한 환경이 된다. 포도유리나방(Grape Dlearwing moth), 포도박각시나방(Snout Grape Hawk Moth)이 있다.

(4) 선충류(Nematodes)

아주 작은 벌레로 포도나무의 뿌리를 공격하므로 감염되었으면 포도나무를 통째로 뽑아 버려야 하며, 예방이 가장 최선책이다.

(5) 레드 스파이더(Red Spider)와 옐로 스파이더(Yellow Spider)

과수의 해충으로 잎 진드기이다. 고온건조한 날씨에 가장 성행하는 병충해이다.

(6) 탄저병과 질병

포도나무 과실에 발생하는 곰팡이다. 과실 표면에 작은 반점이 생기며, 과실이 익을수록 과실의 표면이 움푹 들어가며, 탄저병의 형태가 더 크게 나타난다. 장마 전후나, 비가 잦은 지역에서 잘 발병한다. 해결책은 병든 과실을 골라 적절히 제거하거나 비가림 시설로 피해를 줄일 수 있다.

(7) 롯(Rot)

곰팡이성 질병으로 습기와 물기가 있는 곳에서 발생하며, 청포도보다는 적포도에 더 많은 문제를 일으킨다. 보트리티스 시네리아(Botrytis Cinerea, Noble Rot)라 불리는 곰팡이다. 'Noble Rot'의 뜻인 '고귀한 썩음'이 한자어로 '귀부(貴腐)'로 표기되었으며, 자연의 위대함이 탄생시킨 귀부와인(Noble Rot Wine)으로 거듭난 것이다.

가장 오래된 디저트 와인 생산법이며, 3대 귀부와인으로는 다음과 같다.
- 프랑스 보르도의 소테른와인(Sauternes)
- 독일의 트로켄베렌아우스레제(Trockenbeerenauslese)
- 헝가리의 토카이(Tokaji)

(8) 새와 동물

수확시기가 다가오면, 새와 동물들은 본능적으로 과실의 단맛을 찾아 포도원으로 달려든다. 새와 동물로 인한 피해는 포도 수확에 직접적인 타격이 된다.

4. 테루아(Terroir)

테루아는 토지, 토양, 풍토를 뜻하는 프랑스 단어이며, 와인의 원료인 포도나무가 자라는 데 영향을 주는 모든 것, 즉 토양, 기후, 재배 방법 등을 뜻한다.

테루아란 용어는 와인 업계와 브랜디 업계에서 같은 의미로 사용하며, 커피 업계에서는 일찌감치 커피나무가 자라는 환경, 토양, 재배 방법, 기후, 미생물 등을 총칭하는 의미로 사용하고 있다. 그 외 테루아는 차 시장, 시가 시장, 치즈 시장 등 여러 업계에서도 널리 사용되고 있다.

즉, 테루아는 와인이나 커피 등이 만들어지는 자연환경이나 그 재배 환경에서 생산되는 와인의 독특한 향미라고 말할 수 있다.

5. 와인 양조의 기본

1) 양조 과정

포도 재배 → 수확 → 제경/파쇄 → 발효 → 숙성 → 병입

잘 익은 포도를 수확하여, 양조장으로 옮긴다. 파쇄한 후에 포도즙을 발효하고, 일정 기간의 숙성을 거친 후 병입하면 된다.

포도의 품종이 레드 품종인지 화이트 품종인지에 따라 양조 방법이 달라진다. 양조자의 기술과 와인 제조업체의 방식에 따라 조금씩 차이가 나며, 레드와인과 화이트와인의 양조 과정은 기본적으로는 유사하다. 그러나, 포도의 품종과 발효 시간, 포도 껍질의 사용 여부 등에 따라서 차이가 나며, 가스나 알코올의 첨가 여부에 따라서 전혀 다른 새로운 와인이 만들어진다.

● 와인의 양조 과정

- **제경(Stemming)**: 포도송이와 함께 섞여 있는 포도잎과 포도 줄기 등의 이물질을 제거하는 것
- **파쇄(Crushing)**: 포도알을 으깨는 과정
- **1차 발효**: 레드와인–포도알을 으깬 후 껍질, 포도즙, 포도씨 모두 양조용 통에 넣고 발효한다.
- **침용(Maceration)**: 포도 껍질이 건조해지지 않도록 포도즙과 섞어주는 작업, 레드와인의 경우 필수과정이며, 화이트와인은 이 과정을 거치지 않는다.
- **압착**: 포도즙을 얻기 위해 압착기에 넣고 즙을 짜내는 과정
- **2차 발효(젖산발효)**: 레드와인은 2차 발효를 한다. 와인의 신맛이 줄어들고 젖산으로 바뀌는 과정이다. 주로 오크통이나 스테인리스 통에서 이루어진다.
- **정제**: 기존의 통에서 개통으로 옮기는 과정
- **숙성(Aging)**: 특유의 맛과 향과 색이 복합적으로 만들어지는 과정. 산소와 안토시아닌 색소가 영향력이 있으며, 와인의 종류에 따라 숙성기간을 달리한다.
- **여과**: 와인 찌꺼기를 걸러내는 과정
- **병입(Bottling)**: 해당 와인의 일정한 품질을 유지할 수 있는 적절한 유리병과 코르크 마개를 선택한다.
- **라벨링(Labeling)**: 와인의 브랜드, 생산지, 품종, 빈티지 등의 정보제공. 와인의 시각적인 부분에서 와인 라벨은 중요하다

III 와인의 종류

1. 색상에 의한 분류

1) 레드와인(Red Wine)

학명은 Vitis vinifera이며, 쌍떡잎식물
이며, 갈매나무목의 포도과 또는 포도덩
굴이라고 불리는 낙엽성 덩굴식물이다.
포도는 꽃 속에 있는 생식기관으로 번식
되며, 바람이나 동물에 의해 암술과 수술
의 수정이 이루어지는 식물이다.

포도는 북위 50도와 남위 50도 사이의 지역에서 자라게 되는데, 이 경계선을 와
인벨트(Wine Belt)라고 한다. 와인벨트에 속해있다고 해서 포도나무가 다 잘 자라는
것은 아니다. 날씨와 토양, 강우량 등 재배 환경이 모두 갖추어진 농장의 4~6년 된
포도나무에서 수확한 포도부터 와인을 양조한다. 포도나무의 수명은 약 80~100년
이상이다.

(1) 생산방법

레드와인은 포도의 껍질, 씨앗, 그리고 줄기와 함께 발효된다. 포도의 껍질이 있어서 발효 과정에서 색소와 타닌이 와인에 녹아들어 깊고 진한 색상과 풍미를 제공한다. 일반적으로 오크나무 배럴에서 숙성되며, 이는 와인에 추가적인 복잡성과 향을 더한다.

(2) 주로 사용되는 포도 품종

레드와인은 다양한 포도 품종에서 만들어질 수 있지만, 주로 사용되는 대표적인 품종들로는 Cabernet Sauvignon, Merlot, Pinot Noir, Syrah, Tempranillo 등이 있다.

(3) 아로마

레드와인은 다양한 과일 아로마를 가진다. 예를 들어 블랙커런트, 블랙베리, 체리, 자두 등의 과일 향이 특징적이다. 향신료 아로마로는 후추, 정향, 감초가 많이 나타나며, 오크 숙성에서는 바닐라, 스모크, 시가박스 등의 향이 느껴진다. 또한 지구 향이나 흙 냄새도 종종 포함된다.

(4) 어울리는 음식

레드와인은 일반적으로 고기와 잘 어울린다. 스테이크, 양고기, 비프 브루기뇽과 같은 고기 요리와 토마토 소스 파스타, 피자와 같은 이탈리안 요리들이 잘 어울린다. 또한 숙성된 치즈나 다크 초콜릿과도 잘 어울린다.

(5) 보관 방법

레드와인의 보관 온도는 12~18℃이며, 50~80%의 습도를 유지하는 것이 좋다. 너무 건조하면 코르크 마개가 깨질 수 있으며, 맛과 향에도 영향을 미칠 수 있다. 개봉하지 않으면 영구적으로 보존할 수 있다. 개봉 후에는 바로 섭취하는 것이 좋으며, 햇빛과 공기와의 접촉을 피해 주어야 하며, 진동이 없어야 한다.

2) 화이트와인(White Wine)

(1) 생산방법

화이트와인은 포도의 껍질을 제거하고 발효된다. 이 과정에서는 껍질에서 색소가 거의 추출되지 않아 와인의 색상이 밝고 투명하다. 일반적으로 스테인리스 스틸 탱크에서 숙성되어 신선하고 과일의 풍미를 잘 살린다. 일부 화이트와인은 오크나무에서 숙성되어 버터리하고 바닐라 향이 더해질 수도 있다.

(2) 주로 사용되는 포도 품종

Chardonnay, Sauvignon Blanc, Riesling, Pinot Grigio, Gewürztraminer 등이 사용되며, 각 품종은 다양한 과일 아로마와 상큼한 향이 특징이다.

(3) 아로마

화이트와인(White Wine)은 다양한 과일 향을 가지고 있다. 사과, 배, 레몬, 라임, 복숭아 등의 과일 아로마가 주를 이룹니다. 또한 꽃의 향기나 허브의 향도 종종 느껴진다. 오크 숙성 와인의 경우에는 버터, 크림, 꿀 같은 부드러운 향이 추가될 수 있다.

(4) 어울리는 음식

화이트와인(White Wine)은 가벼운 음식과 잘 어울린다. 해산물, 닭고기, 칠면조와 같은 가벼운 단백질 요리나 샐러드, 채소 요리와도 잘 어울린다. 또한 신선한 치즈나 과일 타르트와도 매치가 잘 된다.

(5) 보관 방법

화이트와인(White Wine)은 7~13℃에서 보관하는 것이 좋다.

일반 와인들은 눕혀서 보관하지만, 화이트와인은 비스듬히 세워서 보관하는 것이 좋으며, 직사광선이 들어오지 않는 컴컴한 곳이 좋다. 화이트와인의 종류별로 적절한 환경에서 각각 보관하면 좋겠지만 쉬운 일이 아니기에 온도만 적당히 맞추어 주면 좋을 듯하다.

3) 로제와인(Rose Wine)

(1) 생산방법

로제와인(Rose Wine)은 레드와인(Red Wine)과 화이트와인(White Wine)의 중간 형태로 생산된다. 포도의 껍질을 함께 발효하지만, 발효 시간이 짧아 껍질에서 색소가 적게 추출된다. 일반적으로 스테인리스 스틸 탱크에서 숙성되어 신선하고 과일 향이 강조된다.

(2) 주로 사용되는 포도 품종

로제와인(Rose Wine)은 Grenache, Syrah, Pinot Noir, Sangiovese, Tempranillo 등의 품종에서 만들어질 수 있으며, 이들 품종은 각기 다른 과일 아로마와 특성을 가진다.

(3) 아로마

로제와인(Rose Wine)은 주로 딸기, 라즈베리, 체리, 자두와 같은 붉은 과일의 아로마를 가진다. 꽃의 향기나 허브의 향도 종종 느껴진다.

(4) 어울리는 음식

로제와인(Rose Wine)은 가벼운 음식과 잘 어울리며, 그릴드 치킨, 해산물, 생선과 같은 요리들과 잘 매치된다. 또한 파스타 샐러드, 여름 채소 요리와도 잘 어울린다. 신선한 치즈나 과일 타르트 역시 로제와인과 잘 어울린다.

(5) 보관 방법

로제와인(Rose Wine)은 스파클링과 스틸와인으로 나뉜다. 눈으로 확인할 경우 레드와인과 화이트와인의 중간으로 보이지만, 화이트와인의 보관 온도에 맞추면 된다. 보관 온도는 7~13이며, 비스듬히 세워서 보관하며, 빛과 공기를 차단하며, 진동을 피해야 한다.

2. 가스 함량에 의한 분류

1) 스파클링 와인(Sparkling Wine)

탄산이 들어 있는 와인이다. '탄산 와인', '거품 와인', '발포성 와인'으로 표현할 수 있다. 식사의 분위기와 식욕을 올려주며, 행사나 파티에 어울리는 와인이며, 스파클링 와인은 두 종류의 빈티지 와인을 혼합하는 경우가 일반적이기 때문에 빈티지를 표시하지 않는 것이 대부분이다.

(1) 제조 방법

첫 번째는 1차 발효를 끝낸 와인을 병입한 후 병에 설탕을 넣어서 2차 발효를 시켜 이산화탄소가 녹게 만드는 방법이 있다. (샴페인, 크레망, 카바 등)

두 번째는 탄산이 든 음료수처럼 1차 발효를 끝낸 와인에 2차 발효과정 없이 탄산가스를 집어넣어서 만드는 방법이다.

세 번째는 커다란 스테인리스 통에 포도 원액을 대량으로 넣어서 1차 발효를 시킨 후 2차로는 설탕을 넣은 다음 밀폐시켜 탄산 제작을 빠른 시간에 달성하는 방법이다. 샤르마 방식이라고 하며, 샴페인 제조방식을 현대 기술로 응용한 방법이다. (프로세코, 스푸만테 등)

(2) 종류 및 지역별 명칭

① 프랑스

• **샴페인(Champagne)**: 프랑스 샹파뉴 지역에서 만든 최고급 스파클링 와인이다. 스파클링 와인의 대표 브랜드이며, AOC 사무국이 관리하는 스파클링 와인 중에서 최고봉이다.

- **크레망(Cremant)**: 프랑스 샹파뉴 지방 외의 지역에서 만든 프랑스 스파클링 와인이다. 보통 샴페인 제조법을 따르지만 상파뉴가 아닌 알자스나 부르고뉴, 루아르 지방 등에서 만든 와인을 의미한다. '크레망+지역명' 형식으로 이름이 붙는다.
- **뱅 무소(Vin Mousse)**: 상파뉴 외의 다른 지역에서 샴페인식의 제조방법이 아닌 다른 방식으로 만든 프랑스 스파클링 와인을 통칭한다.

② 이탈리아

- **프로세코(Prosecco)**: 이탈리아 북부지역에서 정통 방식대로 만든 고급 스파클링 와인이다. 와인의 장인정신이 느껴지는 DOCG 등급의 생산지이다.
- **아스티(Asti)**: 모스카토 다스티로도 유명한 피에몬테의 아스티 지역에서 만들어지는 스파클링 와인이다. 원래 이름은 아스티 스푸만테이다. 대부분이 돌체(스위트)이며, 모스카토 다스티보다 당도는 낮지만, 탄산이 훨씬 강하고 알코올 도수도 더 높다. DOCG 등급 생산지이다.
- **스푸만테(Spumante)**: 이탈리아의 일반적인 스파클링 와인을 뜻한다. 이탈리아 전역에서 스푸만테가 만들어지며, 종류도 워낙 많다. 그중에서는 웬만한 샴페인들보다 훨씬 비싼 제품도 많이 있다.

③ 독일

- **젝트(Sekt)**: 상파뉴 전통 방식과 대형 양조통에서 2차발효 후 병입하는 방식인 (탱크 내 발효법) 샤르마 방식으로 만드는 독일의 고급 스파클링 와인 명칭이다.
- **샤움바인(Schaumwein)**: 독일의 일반적인 스파클링 와인이다.

④ 스페인

- **카바(Cava)**: 스페인의 카탈루냐에서 샴페인 방식으로 만드는 스파클링 와인

명칭이다. 일반적으로 다른 국가의 스파클링에 비해 저렴하며 가성비가 좋은 편이다.

- 에스푸모소(Espumoso): 카바 이외의 대중적인 스페인 스파클링 와인이다.

⑤ 포르투갈

- 에스푸만테 (Espumante): 포르투갈의 스파클링 와인 명칭이다.

⑥ 기타

- 스파클링: 미국과 한국에서는 특별한 명칭 없이 '스파클링 와인'이라 한다.

● **보관 방법**

모든 와인은 빛과 공기(산소)를 피해야 한다. 코르크가 산소를 100% 차단하지 않기 때문에 냄새가 나는 곳과 진동도 피해야 한다. 습도는 60~70% 정도가 좋으며, 10~15℃ 정도의 서늘한 온도가 좋다. 샴페인은 병 내부 기압이 높으므로 눕히지 않고 세워서 보관해도 된다

2) 일반 와인(Still Wine)

(1) 생산 방법

발포성이 없는 와인을 뜻하며, 탄산이 없는 와인이다. Still은 '고요한, 소리가 없는, 묵묵하다'의 뜻이 있으며, 발효과정에서 탄산가스가 병 안에 남아 있지 않아, 스틸와인 자체로 즐기기에 좋은 와인이며, 다양한 음식과의 페어링(Pairing)에도 좋다.

레드와인은 적포도로 만들어지며, 화이트와인은 청포도를 사용한다. 로제와인은 적포도를 사용하지만, 포도 껍질을 일정 기간 발효시킨 후 원하는 와인의 색이 나왔을 때 걸러낸다.

3. 식사에 의한 분류

1) 식전주(Appetizer Wine/Apéritif)

본 식사를 시작하기 전에 식욕을 돋우기 위해 샐러드나 전채요리와 함께 한두 잔 가볍게 마시는 와인이다. 식사 중 다음으로 나올 요리의 맛에 방해가 되지 않게 달지 않아야 하며, 상큼한 맛이 나는 와인을 주로 이용한다.

프랑스어로는 아페리티프 와인(Aperitif Wine)이라고 하며 우리나라에서는 식전 와인이라고 부른다.

드라인(Dry)한 맛의 샴페인으로 샹파뉴(Champagne), 스파클링 와인(Sparkling Wine), 로제 와인(Rose Wine), 드라이한 셰리 와인(Sherry Wine), 베르뭇(Vermouth) 등의 가향와인 등이 주로 식전주로 이용되며, 달지 않으며 약간의 신맛이 있어 식욕을 자극하고 브랜디 등을 첨가해 주정이 강화된 와인이 이용된다.

2) 식중주(A Table Wine)

식사 중 주요리와 마실 수 있는 와인이다. 주요리는 식사 중 주가 되는 요리로 보통 안심, 등심, 양고기, 생선 등의 무거운 요리가 많다. 재료의 특성도 중요하지만, 조리법과 향신료에 따라서 와인의 종류도 달라진다.

육류요리가 나올 경우 레드와인(Red Wine)이 어울리며, 생선이나 가금류의 경우에는 화이트와인(White Wine)이 대체적으로 어울린다. 이탈리아의 요리는 향신료의 강약에 따라 와인을 추천해야 한다. 특별한 날이나 축하의 자리에서는 가스가 함유된 와인을 선택하며, 분위기가 있는 우아한 자리에서는 로제와인이나 부드러운 피노누아를 선택한다. 즉, 음식의 색과 맛과 향과 잘 어울리는 와인을 선택해야 하며, 장소와 때, 함께 할 사람과의 관계가 중요하다. 그날의 요리와 와인의 품종 선택에 따라 그날의 식사가 더욱 특별해질 수 있다.

와인과 어울리는 안주류

3) 식후주(After-Dinner Wine/Digestif)

식후주, 디제스티프(digestif)는 식사가 끝날 때쯤 마지막으로 마시는 술이다. 리큐어나 브랜디, 오드비, 디제스티프라는 단어처럼 소화시킨다는 뜻 외에 식사를 충분히 즐기고 마무리하려는 목적이 있다.

식후주의 종류가 쓴맛을 배합한 술일 경우에는 소화를 돕는 성분이 들어있으며, 구충제의 역할로 향긋하게 마무리할 수 있다. 식후주는 식전주보다 알코올이 많이 첨가되어 있으며 브랜디(Brandy), 그라파(Grappa), 리몬첼로(limoncello), 테킬라(Tequila), 위스키(Whisky) 등이 해당된다.

청주 마한 위스키

알코올 도수가 높은 강화와인(Fortified Wine)이 식후주로 자주 사용되며 셰리주 (Sherry Wine)나 포트와인(Port Wine), 마데이라(Madeira)종이 대표적이다.

● **3대 주정강화 와인**

포트 와인(Port Wine), 셰리 와인(Sherry Wine), 마데이라(Madeira)

Madeira

Sheery Wine

4. 기능에 의한 분류

1) 주정강화 와인(Port Wine)

포트와인이란 와인을 발효하는 과정에서 발효 중간단계 또는 발효 후에 알코올이나 브랜디 등을 첨가하여 인위적으로 알코올 도수를 높인 와인이다. 오랫동안 보관이 가능하며, 스페인의 셰리(Sherry)[1]와 더불어 주정강화 와인 중 가장 유명하다.

포트와인은 숙성기간에 따라 크게 루비 포트(Ruby Port), 토니 포트(Tawny Port), 화이트 포트(White Port), 빈티지 포트(Vintage Port)로 나뉜다.

첫째, 루비 포트(Ruby Port)는 양조 후 산화를 최소화하는 방식으로 스테인리스 스틸 통이나 크기가 큰 오크통에 숙성 저장한다.

둘째, 토니 포트(Tawny Port)는 산화에 의한 맛의 변화를 유도하기 위해 10, 20, 30, 40년 동안 통 숙성하여 병입하고 판매하는 Aged Tawmy로 구분한다. 숙성 연도를 미표기한 경우나, 10년 숙성 토니 포트(Tawny Port)가 일반적으로 쉽게 매매되며, 100년 이상의 토니 포트(Tawny Port)는 와인 중에서도 최고급으로 취급된다.

셋째, 청포도로 양조하는 화이트 포트(White Port)이다. 3~5년 동안 통 숙성하며, 황금색을 띤다. 드라이(Dry White)와인으로 잘못 알고 있는 경우가 있지만, 루비 포트와 비슷하게 디저트 와인이며, White Port와 Dry White는 완전히 다른 제품군이다.

넷째, 그해 수확한 포도를 골라 양조한 뒤 수년을 오크통에서 숙성시킨 빈티지

---

1   스페인에서는 Jerez라고 한다.

포트(Vintage Port)이다. 와인을 만들고 난 후 2년 안에, 병에 넣어, 동굴에서 오랜 시간 숙성하는 포트이다. 3년 이하의 영(Young)와인일 경우 마셔도 좋지만, 5년 이상 숙성의 올드(Old)와인일 경우 진가가 나타난다.

그 외 레이트 보틀드 포트(LBV:Late Botteled Vintage Port)는 수확이 잘된 특별한 해에 수확된 포도로만 만드는 포트이다. 포도가 수확된 해가 레이블에 표기되며, 추가로 병에서도 숙성이 이루어질 수 있다. 발효가 진행되는 중에 주정을 첨가하여 만들기 때문에 알코올 도수는 높으며, 매우 달콤하다. 포트와인은 과일 향이 풍부하고 맛이 진하기 때문에 디저트 와인으로 사랑받고 있다.

(1) 숙성기간

분류	숙성기간	특징	
루비포트 (Ruby Port)	최소 2년	• 대중적인 포트와인 • 루비색 • NV(Non Vintage) • 디저트 와인	스테인리스 스틸 통 숙성, 큰 오크통 숙성
토니포트 (Tawny Port)	10/20/30/40년 단위로 숙성	• Aged Tawny • 숙성 연도 미표기 및 10년 숙성 (일반적으로 널리 팔림) • 100년 이상의 포트(최고급)	오크통 숙성
화이트포트 (White Port)	3~5년	• 청포도로 양조 • 황금색 • 디저트 와인	통 숙성
빈티지포트 (Vintage Port)	최소 2년 이상	• 특정 연도의 포도만을 사용 • 고급포트 • 수확 후 2년 안에 병입 • 최대 50년 숙성 가능	오크통 숙성

1756년 포르투갈 정부는 국법으로 포트와인용 포도 재배지역을 정하였다. AOP 제도와 같이 특정 재배지역 제한을 법으로 정한 최초의 나라이기도 하다. 현재 EU 차원에서 시행하는 AOP 제도와 세계 각국의 원산지 관련 와인 품질관리 제도의 원조 격이라고 할 수 있다.

(2) 양조 방법

와인에 포도 증류주인 브랜디를 섞어 만든다. 이렇게 알코올 도수나 당도를 높이기 위해 발효 중 또는 발효가 끝난 후에 브랜디나 과즙 등을 첨가한 와인을 주정 강화 와인이라 부른다. 브랜디가 섞여 있기에 알코올 농도가 높은 편이지만 일반적인 와인보다 훨씬 더 농축되고 진한 맛을 느낄 수 있다.

● **포트와인 양조 방법**

수확 – 압착 – 발효 – 브랜디 첨가 – 오크통 숙성 – 혼합 – 병입 – 출하

(3) 보관 방법

포트와인의 보관 온도는 12~16℃이다. 햇빛과 공기 등이 차단되어야 하며, 진동 또한 와인에 영향을 주므로 좋지 않다.

일반적인 와인은 눕혀서 보관하지만 포트와인은 예외이다. 알코올 도수가 높아서 일반 와인처럼 뉘어서 보관하면 코르크가 상할 수 있다. 스크루캡인 와인도 세워서 보관한다.

와인병 입구의 코르크는 공기가 통할 수 있는 소재이다. 그러므로 병 내부로 공기가 필요 이상으로 들어가게 되면 와인이 산화되어 와인이 상할 수 있기 때문이다.

(4) 우리나라의 포트와인

우리나라의 포트와인인 과하주(過夏酒)의 뜻을 보면 '여름을 나는 술'이다. 여름철은 날씨가 더워 술이 쉽게 상할 수 있는 단점을 보완한 술이다. 더운 날씨에 쉽게 상할 수 있는 청주에 도수가 높은 소주를 섞어 맛과 향, 보존 등 상호 보완할 수 있게 되었다.

● 과하주 만드는 법

· 고두밥+누룩+소주 → 발효, 숙성
· 약주, 청주+소주 → 숙성
· 술지게미+소주 → 숙성(맑은술을 걸러낸 술지게미)

2) 디저트 와인

디저트 와인(Dessert Wine) 혹은 푸딩 와인(Pudding Wine)은 식사의 마지막 단계에서 디저트와 함께 서빙되는 달콤한 와인이다. 디저트 와인은 화이트와인이 많으며, 완전 발효하지 않은 도수가 낮은 와인과 주정강화 와인처럼 도수가 높은 와인도 많다.

미국에서는 모든 강화 와인과, 아이스 와인, 알코올 14% 이상의 일반 와인도 디저트 와인으로 이용하고 있다. 즉 알코올 도수와 관계없이 분위기에 따라 디저트 와인으로 애용된다.

영국에서 디저트 와인은 음식과 함께 마시는 달콤한 와인으로 인식한다. 독일과 북유럽의 디저트 와인은 포도가 과도하게 익었을 경우 와인을 만들어서 매우 단 와인이 많다. 알코올의 쓴맛보다 단맛이 많아 술을 마시지 못하는 사람도 먹기가 쉽다.

귀부포도

(1) 아이스와인(Ice Wine)

아이스와인[2]은 말 그대로 언 포도로 만든 와인이다. 포도를 수확하지 않고 겨울이 될 때까지 기다려서 자연 동결하도록 한다. 얼고 녹기를 반복하여 당분이 농축된 포도를 수확한다. 언 상태로 수확하여, 압착하고 과즙을 얻는다. 이렇게 만든 포도주는 당도와 알코올이 높다. 아이스와인은 19세기에 우연히 발명되었는데, 수확시기를 놓친 농가에서 갑자기 들이닥친 한파에 포도가 모두 얼어버렸다. 어쩔 수 없이 언 포도로 와인을 만들었는데 향이 좋고 맛도 좋았다. 이 와인이 아이스와인

(Ice Wine)의 시초가 되었다.

　아이스와인을 본격적으로 생산한 곳은 독일의 라인가우에 위치한 '슐로스 요하니스베르그(Schloss Johannisberg)' 와이너리이다. 독일의 아이스와인을 세계 최고로 치며, 오스트리아, 캐나다 와인 또한 품질이 좋기로 유명하다. 현재는 중국에서도 아이스와인을 생산하고 있다.

출처 : 소믈리에타임즈(https://www.sommeliertimes.com)

IV 구세계 와인(유럽)

1. 정의

구세계 와인은 유럽에서 생산된 와인을 의미한다. 대표적인 국가로는 프랑스, 이탈리아, 스페인, 독일, 포르투갈, 오스트리아 등이 있다. 와인의 역사가 처음 시작된 곳이며, 이들만의 규칙과 전통, 와인  메이커와 블렌드 규칙을 전 세계 시장이 따르도록 엄격히 관리하고 있다.

2. 특징

1) 기후

구세계 와인 생산지역은 일반적으로 더 온화한 기후를 가지고 있어 포도가 천천히 익는다. 이는 와인의 구조와 산도에 영향을 미친다.

2) 스타일

구세계 와인은 테루아(Terroir, 특정 지역의 기후, 토양, 지형 등이 포도와 와인에 미치는 영향)를 강조하며, 일반적으로 더 복잡하고 미묘한 풍미가 있다.

3) 표기법

레이블에 포도 품종보다는 지역명(예: Bordeaux, Burgundy)이 표시되는 경우가 많으며, 이는 그 지역이 특정 포도 품종과 스타일을 대표하기 때문이다.
- 와인이 생산된 지역(지리적 표시)이 강조된다.
- 포도 품종이 명확히 표시되지 않을 수 있다.
- 지역명으로 어떤 품종이 사용되었는지 유추해야 한다.
- 빈티지, 알코올 도수, 생산자 이름이 표시된다.
- 와인의 등급(예: AOC, DOCG)이 표시될 수 있다. 이는 그 와인이 특정 품질 기준을 충족한다는 것을 의미한다.

3. 프랑스

1) 역사

인류가 와인을 담가 마시기 시작한 시기는 약 6~7천 년 전으로 추정되고 있으며, 프랑스에서는 약 2세기경부터 와인이 제조되기 시작하였다. 프랑스는 포도 재배에 적합한 지형과 토양, 기후 등 와인생산에 필요한 모든 조건이 완벽하게 갖추어져 있는 나라이다. 종교와 문화는 오래된 역사만큼 와인 문화에 많은 영향을 미쳤다.

프랑스의 와인은 지역마다 특색이 있으며, 매우 귀중한 선물로 여겨졌다. 보르도 지방과 부르고뉴, 론, 알자스, 샹파뉴 외 여러 지역의 개성 있는 와인으로 유명하며, 그 당시 주변 국가들에 수출하는 품목이었다. 일찌감치 보르도 지역이 영국에 넘어가는 일도 있었다.

프랑스의 아키텐(Aquitaine) 지역의 엘레오노르(Eleanor) 공작은 프랑스 왕 루이 7세의 왕비였으나 이혼하고, 잉글랜드 왕 헨리 2세와 결혼하여 왕비가 되었는데, 영국 왕위 계승권자와의 결혼을 계기로 보르도 와인을 결혼 지참금으로 영국 왕실에 넘기게 된다.

프랑스는 대서양과 지중해를 둘러싸고 있으며, 알프스산맥과 피레네산맥 등 우수한 자연환경과 960km에 달하는 루아르강이 있다. 또한 항구의 발달로 수출하기에 좋은 조건을 갖추고 있다. 주변 국가와의 원활한 물류는 프랑스의 음식문화와 함께 세계 3대 와인 생산국으로 발전하는 계기가 되었다.

다른 나라의 와인에서도 '아펠라시옹(Appellation: 와인 산지)', '크뤼(Cru: 포도밭)', '테루아(Terrior: 토양)' 등 프랑스어 단어가 널리 사용되는 것만 보아도 프랑스 와인의 영향력은 막대하다는 것을 알 수 있다.

2) 재배 품종

프랑스에서 재배되고 있는 포도 품종은 약 130종이며, 대표적인 품종으로는 카베르네 쇼비뇽(Cabernet Sauvignon), 메를로(Merlot), 피노 누아(Pinot Noir), 카베르네 프랑(Cabernet Franc), 그레나슈(Grenache), 시라(Syrah) 등의 적포도 품종이 있으며, 청

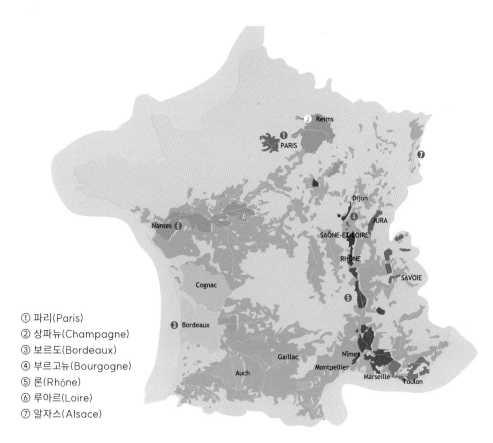

① 파리(Paris)
② 샹파뉴(Champagne)
③ 보르도(Bordeaux)
④ 부르고뉴(Bourgogne)
⑤ 론(Rhône)
⑥ 루아르(Loire)
⑦ 알자스(Alsace)

출처: 이자윤, 와인과 소믈리에론, 백산출판사, 2023

포도(백포도) 중에서는 샤르도네(Chardonnay), 쇼비뇽 블랑(Sauvignon Blanc), 세미용(Sémillon) 등이 있다. 스페인과 이탈리아에 비교하면 재배면적은 작지만, 와인의 인지도 면에서는 최고의 자리에 있다.

3) 생산지역

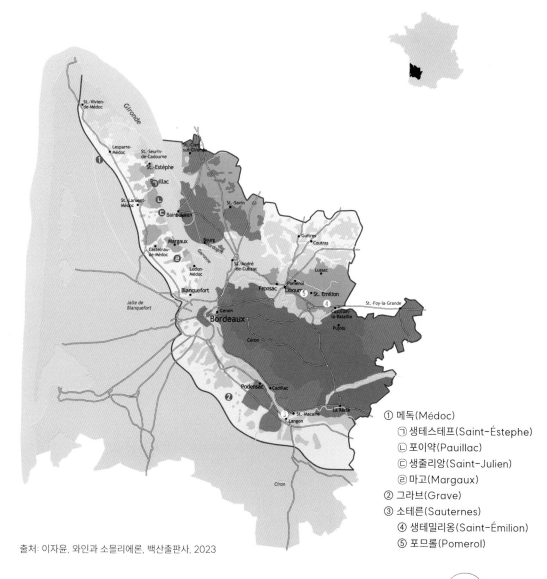

출처: 이자윤, 와인과 소믈리에론, 백산출판사, 2023

① 메독(Médoc)
　㉠ 생테스테프(Saint-Éstephe)
　㉡ 포이약(Pauillac)
　㉢ 생줄리앙(Saint-Julien)
　㉣ 마고(Margaux)
② 그라브(Grave)
③ 소테른(Sauternes)
　④ 생테밀리옹(Saint-Émilion)
　⑤ 포므롤(Pomerol)

(1) 샤토(Château)

샤토란 중세까지는 성(castle)을 뜻하였다면, 와인 업계에서는 보르도(Bordeaux) 지역의 포도원을 의미한다. 일정 면적 이상의 포도밭을 소유하고 자체적으로 와인을 생산하고 저장하는 포도원을 지칭하는 용어이다.

봉건제도가 발달했던 과거의 프랑스는 가신들에게 봉사 의무를 목적으로 봉토[3]를 내어주었다. 특히, 보르도 지역의 지방 영주들은 노동력과 기구들이 확보되어 있어서 봉토와 거주지로 사용되었던 성(castle)을 포도 재배와 양조에 활용하였다.

처음에는 귀족들이 고급 와인을 취미로 양조하고, 그 문화를 즐긴 것이지만, 자본력이 풍부한 귀족들은 사회변화에 맞게 포도 재배에 투자하여, 더 좋은 와인을 생산할 수 있는 양조장으로 발전하게 되었다.

---

3 봉토(封土, Lehen): 봉건 영주가 일정한 봉사 의무를 요구할 목적으로 봉신, 즉 주군이 가신에게 준 토지이다. 계급 내부의 주종관계를 알 수 있는 부분이다.

포도원에서 재배해서 병입까지 한 와인은 라벨에 양조장을 붙일 수 있다.

(2) 도멘(Domaine)

프랑스 부르고뉴 지방에 있는 포도원이다. 보르도 지방에서는 포도밭과 양조장을 샤토라고 하며, 부르고뉴지방에서는 도멘이라고 한다. 샤토는 소유가 한 사람 또는 한 가족의 소유인 경우가 많지만, 도멘은 소유주가 여러 명인 경우가 많다.

(3) 네고시앙(Negociant)

프랑스의 와인 중개업자, 즉 와인 상인을 의미한다. 샤토(Château)나 도멘(Domaine)에서 사들인 와인을 유통하거나, 포도 재배나 와인을 양조한 생산자로부터 와인을 벌크나 배럴로 사들여 블렌딩, 숙성, 병입 등의 과정을 거쳐, 자신의 이름으로 와인을 유통하는 업체를 뜻한다.

보르도의 와인의 유통은 생산자와 네고시앙(Negociant)을 연결하는 중개인(Courtier) 이런 삼각 구조이다. 중개인은 보르도에서만 볼 수 있는 유통구조이다.

샤토와인을 유통하면 샤토와 네고사앙의 명칭이 모두 표기된다. 네고시앙은 영국인 출신이 많으며, 이는 보르도 와인이 영국에서 유명한 이유이기도 하다.

(4) 부르고뉴

부르고뉴 와인은 부르고뉴 AOC를 가지고 있으며, 영어로는 버건디(Burgundy)로 익숙히 알려진 프랑스 유명 와인 생산지명이다.

부르고뉴 지역은 전체 길이가 약 250km이며, 포도 재배지 면적은 약 29,500헥타르(Hectare)이다. 27,188 헥타르(Hectare)의 와인용 포도 재배지 중에서 약 2,500헥타르가 AOC 등급을 받았다. 연간 생산량은 약 144,202,800L이다.

이 지역의 레드와인은 피노 누아(Pinot Noir), 가메이(Gamay) 포도를 주로 쓰며 화이트와인은 샤르도네(Chardonnay)와 알리고테(Aligote) 포도를 쓴다. 이 지역에서 생산되는 와인 중 레드와인과 로제와인이 약 33.8%이며, 약 59.5%가 화이트와인이다. 나머지 약 6.7%는 발포성 와인이다.

부르고뉴는 오랜 역사와 함께 가장 값비싼 와인으로도 유명하다. 대표적으로는 연간 5,000병 정도의 와인만을 생산하며, 한병의 값이 약 1,000만 원 정도 하는 로마네 콩티(Romanée-conti)가 있으며, 전 세계에서 매년 11월 셋째 주 목요일 자정을 기점으로 출시된다는 보졸레 누보(Beaujolais Nouveau)이다. 국내에는 그 전에 와인이

들어오지만, 그 날짜 전에는 구매할 수 없다.

19세기 후반부터 20세기 초반까지 필록세라로 인해 와인 산업이 초토화되었고, 프랑스 와인의 품귀현상으로 가짜 와인이 판을 치게 되었다. 프랑스 정부는 방관할 수 없었고, 1907년에 품질 관련 법규를 제정하였는데 내용은 포도, 포도즙 외의 알코올음료는 재료명을 써넣어야 한다는 것이다.

아펠라시옹 도리진 콩트롤레라(Appellation d'origine controlee)는 '원산지 통제 명칭'으로 '원산지 통제법'이라 부르기도 한다. 프랑스에서 원산지 통제법이 제정된 것은 1935년 부터이다. 보르도, 부르고뉴 등 명산지를 함부로 라벨에 기재할 수 없도록 원산지 호칭 제한 제도, 즉 AOC 제도를 도입하게 된다. 원산지별로 엄격한 와인생산 조건을 정해 놓고 여기에 합당해야만 AOC를 라벨에 표기할 수 있다.

당시 샤토에서 생산한 와인을 오크통째 구매한 중간업자 또는 소매업자들이 병에 나눠 담아서 코르크 마개를 닫고 판매하는 것이 일반적이었다. 이 법이 발휘되면서 타 지역의 포도를 구입해 유명 산지의 와인으로 만들어 판매할 수 없게 되었다. 현재의 샤토는 직접 병입하며, 법규를 지키고 있다. 정부에서 관리하는 와인법은 생산자와 중간업자 모두 법을 지키며, 생산과 품질에 더 정성을 쏟게 하고 있다.

신의 물방울 샤토 몽페라   크리스탈샴페인   뿔리니 몽라쉐

◈ 부르고뉴 등급

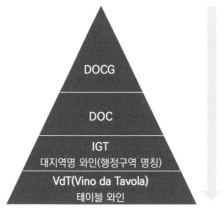

최상품질 와인

DOCG

DOC

IGT
대지역명 와인(행정구역 명칭)

VdT(Vino da Tavola)
테이블 와인

최저품질 와인

⑤ 프랑스의 와인(부르고뉴)[4]

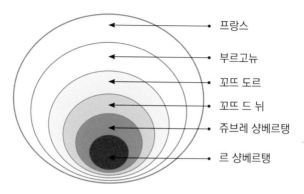

프랑스
부르고뉴
꼬뜨 도르
꼬뜨 드 뉘
쥬브레 샹베르탱
르 샹베르탱

⑤ 프랑스 생산지역별 와인 특징

생산지역	와인 특징
보르도 (Bordeaux)	와인을 재배하기에 우수한 자연조건은 훌륭한 명품 와인을 많이 생산하게 되었다. 남성적인 레드와인이 유명하다.
부르고뉴 (Bourgogne)	황제의 와인이라 불리며, 세계적으로 값비싼 와인을 많이 생산하는 곳이다. 레드와인과 화이트와인 모두 유명하지만 부드럽고 고급진 맛의 피노누아가 대표품종이다.
론 (Rhône)	북부 론과 남부 론 두 지역으로 나뉜다. 론지역의 와인 생산량의 90% 이상이 남부 론에서 생산된다. 묵직한 스타일의 레드와인이 유명하다.
샹파뉴 (Champagne)	샹파뉴 지역에서 생산된 스파클링 와인만 샴페인이라고 지칭할 수 있다. 그만큼 세계 최고의 값 비싼 샴페인이 많다.
알자스 (Alsace)	'작은 프랑스'라고 불리는 알자스는 독일과 경계 지역에 있는 곳으로 화이트와인이 유명하다. 독일과 와인 스타일이 매우 비슷하다.
루아르 (Loire)	960km에 달하는 루아르강을 따라 화이트와인을 중심으로 생산되지만, 레드는 물론 로제, 스파클링 등 다양한 와인이 생산되고 있다.

---

4 중심부에 가까운 지역일수록 고급 와인이다.

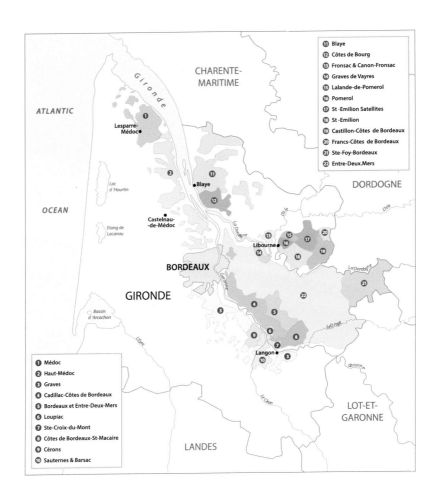

ATLANTIC

OCEAN

CHARENTE-
MARITIME

G i r o n d e

Lesparre-
Médoc

Lac
d'Hourtin

Etang de
Lacanau

Castelnau-
-de-Médoc

Blaye

La Dordogne

DORDOGNE

Libourne

BORDEAUX

La Garonne

GIRONDE

Bassin
d'Arcachon

La Leyre

Langon

Le Ciron

LANDES

La Dordogne

Ste-Foy-Bordeaux

Le Dropt

La Garonne

LOT-ET-
GARONNE

1 Médoc
2 Haut-Médoc
3 Graves
4 Cadillac-Côtes de Bordeaux
5 Bordeaux et Entre-Deux-Mers
6 Loupiac
7 Ste-Croix-du-Mont
8 Côtes de Bordeaux-St-Macaire
9 Cérons
10 Sauternes & Barsac

11 Blaye
12 Côtes de Bourg
13 Fronsac & Canon-Fronsac
14 Graves de Vayres
15 Lalande-de-Pomerol
16 Pomerol
17 St-Emilion Satellites
18 St-Emilion
19 Castillon-Côtes de Bordeaux
20 Francs-Côtes de Bordeaux
21 Ste-Foy-Bordeaux
22 Entre-Deux.Mers

4) 와인등급

◈ 프랑스 와인법

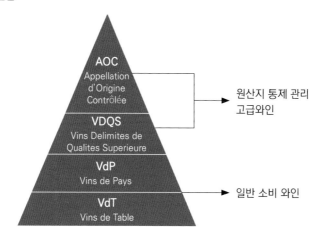

(1) AOC(Appellation d'Origine Contrôlée, 아펠라시옹 도리진 콩트롤레)

• 원산지 호칭 제한 제도(지리적 표시제)

• AC 혹은 AOC라는 약자로 불리며 프랑스 와인의 최고 등급제

(2) AO-VDQS(Appellation d'Origine-Vin Délimité de Qualité Supérieure, 뱅 델리미테 드 쿠알리테 슈페리에)

(3) VdP(Vins de Pays, 뱅 드 페이)

(4) VdT(Vins de Table, 뱅 드 타블르)

● 유명한 와인

생 줄리앙

샤토 포이약

샤토 말레스코 생덱쥐베

샤토 오브리옹

4. 이탈리아

1) 역사

프랑스의 역사와 함께 음식 문화와도 밀접한 관계가 있는 이탈리아는 세계 3대 와인 생산국 중 하나이다. 이탈리아는 기원전 2000년경부터 포도를 재배하였고 좋은 와인을 만들어 마셨다. 장화 모양의 길쭉한 국토의 특성상 산과 구릉이 많고 일조량이 풍부하여 포도나무를 재배하기에 좋은 조건을 갖추고 있다. 삼면이 바다로 둘러쌓여 있으며, 각 지역의
특성이 와인에도 잘 나타나며, 강수량도 700~800mm로 포도가 당도를 유지하여 우수한 포도를 생산하기에 좋은 환경이다.

기원전 800년부터 에트루리아인들은 토스카나 지방에 포도나무를 심었으며, 그리스인들은 이탈리아 지역을 '와인의 땅'이라고 하며, 나폴리에 포도나무를 심기 시작했으며, 고대 로마인들은 전국 곳곳에 포도나무를 재배하며, 최첨단 기술과 양조 기술을 전국에 전파하였다. 그들이 보기에도 기후 조건과 토양이 포도를 키우기에 아주 적합한 땅이었다.

재배 기술이 부족한 때에 여러 가지 어려움이 있었지만, 수도원을 중심으로 포도의 재배는 계속 이어졌다. 르네상스 때 상업혁명이 시작되면서 농업과 양조업의 발전은 부흥의 시기를 맞게 되었다.

17세기부터 19세기에 이르기까지 외국 세력의 영향으로 와인 생산도 타격을 입게 되었다. 계속된 전쟁과 침략은 이탈리아 북부는 물론 남부까지 큰 피해를 보았다. 특히 농민들의 피해는 이탈리아 내부 사정을 더 악화시켰으며, 와인의 생산에도 타격을 입었다.

특히 1800년대 들어서 북부 사르데냐 왕국(Regno di Sardegna)과 중부 토스카나주 (Regione Toscana)를 중심으로 와인의 품질을 높이고자 하는 노력이 있었지만, 1850년경 오이디푸스 균이 유행하면서 한 차례 더 타격을 받았다.

1970년 이후 피에몬테와 토스카나를 중심으로 고급화가 이루어졌으며, 슈퍼 토스카나 등의 외국 포도와의 혼합한 와인이 등장했다. 이탈리아 최초의 누보 와인 'Vinot'은 1975년 안젤로 가야(ANGELO GAJA)가 생산했다.

2) 와인 용어 정리

- Annata(아나타): 빈티지
- Abbocatto(아보카도): 미디엄 스위트
- Amabile(아마빌레): 미디엄 스위트
- Amarone(아마로네): 쌉쌀하다는 뜻
- Chiaretto(키아레토): 로제 와인
- Cherasuolo(체라수올로): 짙은 로제 와인
- Cantina(칸티나): 양조장
- Casa Vinicola(카사 비니콜라): 와인 생산자
- Classico(클라시코): 와인이 생산되는 핵심지역
- Dolce(돌체): 스위트
- Fattoria(파토리아): 농장
- Frizzante(프리잔테): 약 발포성 와인

- Piasco(피아스코): 짚으로 싼 병

- Riserva(리제르바): 숙성을 많이 한 와인

- Secco(세코): 드라이

- Superiore(슈페리오레): 알코올이 높고, 숙성을 오래 한 와인

- Semi-Secco(세미-세코): 미디엄 드라이

- Spumante(스푸만테): 발포성 와인

- Tenuta(테누타): 포도밭

- Vendemmia(벤더미아): 포도 수확

- Vino Novello(비노 노벨로): 영 와인

- Vino Giovane(비노 지오바네): 햇 와인

3) 재배품종

(1) 레드와인

① 산지오베제(SanGiovese)

이탈리아에서 가장 많이 생산되는 레드 품종의 하나이다. 토스카나주(Regione Toscana)를 중심으로 이탈리아 중부에서 널리 재배된다. 신맛이 강하지만 밸런스가 좋아 어느 음식에나 잘 어울린다.

- 어울리는 음식: 피자나 토마토 파스타 등

② 브루넬로(Brunello)

브루넬로 디 몬탈치노(Brunello di Montalcino) 와인으로 유명하며, 산지오베제의 아종이다. 일반 산지오베제 와인보다 더 묵직하고 색도 더 진하다.

- 어울리는 음식: 붉은 고기, 사냥한 고기, 향이 강한 치즈 등

③ 네비올로(Nebbiolo)

추운 날씨에 잘 견디는 종이며, 피에몬테(Piemonte) 지역  의 토착 품종이다. 포도가 늦게 익어서 겨울에 수확하여 알 코올 도수가 높게 나온다. 10년 이상 장기 숙성하는 와인이 며, 묵직한 풀바디 느낌이다. 롬바르디아(Lombardia)와 베네 토(Veneto)에서는 키아벤나스카(Chiavennasca)라는 명칭으로 불린다.

④ 바르베라(Barbera)

피에몬테(Piemonte)주를 중심으로 이탈리아 북부에서 널리 재배되는 품종이다. 타닌 함유량이 적으며, 높은 산도와 과일 향이 풍부하며 상큼한 맛의 레드와인을 만들어 낸다. 테이블 와인으로 많이 이용되는 품종이다.

⑤ 트레비아노(Trebbiano)

베네토(Veneto)와 에밀리아 로마냐(Emilia-Romagna)에서 생산되는 와인 품종이며, 레드와인과 화이트와인 모두 생산하고 있다. 오래 지속되지는 않지만, 신선한 과일 향이 나며, 품종은 우그니 블랑(Ugni Blanc)으로 알려져 있다.

⑥ 몬테풀치아노(Montepulciano)

이탈리아 중동부에서 널리 재배되는 품종이다. 토스카나에서는 산지오베제(San-Giovese), 카나이올로 네로(Canaiolo Nero), 말바지아(Malvasia)와 블렌딩하여 비노 노 빌레 디 몬테풀치아노(Vino Nobile di Montepulciano)를 생산한다. 아브루초 지방에 서는 최대 15%의 산지오베제와 블렌딩하여 몬테풀치아노 다브루초(Montepulciano d'abruzzo)를 생산하며, 깔끔하며 드라이한 맛을 낸다.

(2) 화이트와인

① 모스카토(Moscato)

뮈스카(Muscat)라는 이름으로 전 세계에서 재배되는 화이트 품종이며, 이탈리아 전역에서 생산된다. 과일 향, 꽃 향이 가득하고 알코올 도수가 5.5%이며, 세미 스위트 와인으로 도수가 낮고 산미 또한 낮은 편이다.

모스카토는 Sweet 와인부터 Dry 와인, Port 와인 Sparkling 와인 등 다양한 와인을 만든다. 피에몬테주 아스티 스푸만테(Asti Spumante)가 유명하다.

② 말바지아(Malvasia)

이탈리아 전역에서 생산되는 와인으로 마데이라의 맘시(Malmsey) 품종에서 떨어져 나왔다. 낮은 산도와 높은 당도로 인하여 주로 블렌딩에 사용되는 품종이다.

고급 와인을 만드는 용도로 사용하며, 스위트와인을 만들기에 적합하다. 레몬색의 화이트와인이 주를 이루며, 달콤한 과일향과 가볍지만 우아한 피니시가 좋은 와인이다.

③ 트레비아노(Trebbiano)

트레비아노(Trebbiano)는 이탈리아 와인을 만드는 품종이며, 세계에서 가장 널리 재배되는 포도 품종 중 하나이다. 신선하고 과일향이 많이 나지만 향은 오래 지속되지는 않으며, 산도가 높으며, 꼬냑과 알마냑 생산에 주로 사용하는 품종이다. 이탈리아와 프랑스에서 여러 유형의 이름이 있으며, 우그니 블랑(Ugni Blanc)으로 잘 알려져 있다.

④ 프로세코(Prosecco)

베네토주 트레비소(Treviso)와 프리울리 베네치아 줄리아(Friuli Venezia Giulia) 지역에서 재배되는 품종이다. 스파클링 와인과 스틸(일반) 화이트와인을 만드는 데 사용된다.

⑤ 베르나차(Vernaccia)

토스카나주 산 지미냐노(San Gimignano) 지역의 베르나차 디 산 지미냐노(Vernaccia di San Gimignano)가 유명하다. 맑은 황금색에 섬세하고 예리한 향이 느껴지며 약간 쓴맛이 느껴지는 조화로운 맛을 낸다.

⑥ 가르가네가(Garganega)

단순한 맛이지만 과즙, 과실 향이 풍부하다. 화이트와인인 소아베(Soave)의 주 품종이다.

⑦ 알바나(Albana)

에밀리아 로마냐(Emilia-Romagna)주에서 재배되는 화이트와인 품종이다. 화이트와인으로는 이탈리아에서 최초로 D.O.C.G 등급을 받은 종이다.

4) 생산지역

(1) 피에몬테(Piemonte)

피에몬테는 '산의 발치에'란 뜻처럼 이탈리아 북서부 지역 알프스산맥과 아펜니노산맥에 둘러싸여 있는 지역이다.

이곳에서 생산되는 와인 중 9개가 D.O.C.G 와인이며, 바롤로(Barolo), 바르바레스코(Barbaresco), 아스티(Asti)가 유명하다.

대부분 랑헤(Langhe)와 몬페라토(Monferrato) 언덕에 포도밭이 있으며, 타나로강에 있는 알바(Alba) 마을이 고급 와인 산지이다. 이곳에서 바롤로(Barolo)가 일 년에 약 6백만 병 정도 생산되고 바르바레스코(Barbaresco)가 250만 병 생산된다. 바롤로가 역동적인 남성에 비유한다면 바르바레스코는 섬세하고 우아한 여성적인 와인으로 표현된다.

(2) 토스카나(Toscana)

이탈리아 중부 서해안의 토스카나는 이탈리아 전체 와인 생산량의 10% 미만을 생산하지만, 41개의 DOC와 11개의 DOCG 등급을 보유하고 있다. 생산량의 30%를 IGT등급을 받음으로 이탈리아를 대표하는 생산지임을 입증했다.

레드와인의 생산량이 약 90%를 차지하며, 이 중 약 80%가 산지오베제(Sangiovese)이다. 산지오베제는 늦게 수확하는 품종이며, 산도와 당도가 높으며 타닌 또한 높은 와인이다.

체리, 자두 허브향의 풍미가 좋으며, 키안티(Chianti) DOCG는 아펜니노산맥 구릉지대에서 생산된다. 산지오베제를 중심으로 카나이올로(Canaiolo)를 포함하며 적포도를 블렌딩하여 와인을 생산한다. 키안티 루피나(Chianti Rufina) DOCG, 키안티 콜리 세네시(Chianti Colli Senesi) DOCG가 유명하다.

● 슈퍼 투스칸(Super Tuscan)

슈퍼 투스칸은 1970년대 토스카나 지역에서 만든 최고의 와인이다. 풀 바디하고, 타닌과 오크 향이 조화로우며, 수십 년간의 보관 및 숙성되는 와인이다. 엄격한 와인법을 따르지 않으며, DOCG등급보다 우수한 최고급 와인으로 인정받고 있으며, IGT라는 라벨이 붙는다.

① 트렌토(Trento)
② 발레 다오스타(Valle d'Aosta)
③ 롬바르디아(Lombardia)　④ 베네토(Veneto)
⑤ 프리울리(Friuli)　⑥ 피에몬테(Piemonte)
⑦ 에밀리아 로마냐(Emilia Romagna)
⑧ 리구리아(Liguria)
⑨ 토스카나(Toscana)　⑩ 마르케(Marche)
⑪ 움브리아(Umbria)　⑫ 라치오(Lazio)
⑬ 아부르초(Abruzzo)　⑭ 몰리제(Molise)
⑮ 캄파니아(Campania)　⑯ 풀리아(Puglia)
⑰ 바실리카타(Basilicata)　⑱ 칼라브리아(Calabria)
⑲ 시칠리아(Sicilia)　⑳ 사르데냐(Sardegna)

출처: 이자윤, 와인과 소믈리에론, 백산출판사, 2023

● **키안티 와인**

키안티 6개월에서 1년 정도 숙성 후에 출시한다. 신선하고 산뜻한 와인이며, 체리와 자두 향이 풍부하며, 가벼운 스타일의 와인이다.

키안티 클라시코(Chianiti Classico)는 1924년 탄생하여 현재 100주년이 된 와인으로, 최소 10개월 이상 숙성해야 하며, 7개월 이상은 오크통에서 숙성해야 한다. DOC 법으로 엄격히 통제되는 고품질의 와인이며, 최소 24개월 숙성해야 한다. 병목의 검은 수탉 로고가 특징이다.

키안티 클라시코 리제르바(Chianiti Classico Riserva)는 병입되기 전 오크통에서 최소 2년 숙성해야 한다. 리제르바는 산도와 타닌이 조화롭고, 고급스러우며 부드러운 맛이 특징이다. 루비 컬러와 우아한 질감, 다양한 아로마와 훌륭한 균형, 이탈리아 키안티 클라시코의 정석 같은 와인이다.

키안티 클라시코 그란 셀레지오네(Chianiti Classico Gran Selezione)는 키안티 클라시코 중 가장 높은 등급의 와인이다. 수확량을 제한하며, 와인 생산지역도 엄격히 관리된다. 키안티 클라시코 리제르바(Chianiti Classico Riserva)보다 6개월 더 숙성하며, 산도와 타닌이 조화로우며, 고급스러운 부드러운 맛이다. 현재 키안티 클라시코 그란 셀레지오네는 탄생 약 10주년이 되었다.

(3) 베네토(Veneto)

베네치아와 베로나(Verona)가 있는 이탈리아 북부의 와인 생산지이다. 매년 4월 세계 3대와 인 박람회 중 하나인 비니탈리(Vinitaly)가 개최되는 지역이다.

소아베와 아마로네의 본고장으로 DOC 와인을 생산하며, 화이트와인이 유명한 지역이다.

대표적인 포도주로는 '아마로네'로 유명한 '발폴리첼라(Valpolicella)', 레드와인의 '바르돌리노(Bardolino)', 화이트와인의 '소아베(Soave)'가 유명하다.

(4) 풀리아(Puglia)

이탈리아의 남부 발뒤꿈치(Salento Peninsula)에 위치한 풀리아는 매우 더운 날씨와 따뜻한 햇살이 좋은 지역이다. 시칠리아와 함께 이탈리아에서 가장 많은 와인을 생산하는 지역이며 전 세계 벌크와인의 근원지이다.

풀리아의 대량 와인생산은 포도 재배자와 지역 와인의 명성에 엄청난 경제적 영향을 미쳤다. 와인 구매자의 더 높은 품질의 와인 요구는 대량 생산과 혼합 와인의 가치를 잃게 하였다. 그러나 더운 지중해 기후와 지속적인 햇빛, 거친 듯 시원한 바닷바람은 포도 재배를 위한 거의 완벽한 환경을 만들어 주었다.

(5) 시칠리아(Sicilia)

시칠리아는 총면적 25,711km²로 삼각형 모양의 지중해에서 가장 큰 섬이다. 9만 8천 헥타르의 포도밭이 있으며, 품종 또한 다양하다.

카타라토(Catarratto), 그릴로(Grillo), 인졸리아(Inzolia), 지비보(Zibibbo) 같은 토착 청포도 품종도 널리 재배하며, 마르살라(Marsala) 같은 주정강화 와인이나 말린 포도로 만든 스위트 와인도 유명하다.

카베르네 쇼비뇽, 메를로(Merlot), 시라(Syrah) 등도 잘 자라지만, 시칠리아에서 가장 많이 재배하는 품종은 적포도 네로 다볼라(Nero d'Avola) 품종이다. 대중적인 인지도도 높으며, 품질 또한 우수하다. 짙은 컬러에 부드럽고 진한 과실 풍미, 후추와 감초, 시나몬 등의 향신료와 스모키 뉘앙스가 아름답게 어우러진다. 타닌도 많고 산미도 적절해 장기 숙성용 와인을 만들 수도 있다. 대중적인 와인부터 프리미엄 와인까지 다양한 와인을 만들 수 있는 다재다능한 품종이다.

● 유명한 와인 생산자

• **프레스코발디(Frescobaldi)**는 13세기부터 가장 유서 깊은 와인 생산자로 토스카나 지역에서 가장 넓은 면적의 포도밭을 소유하고 있다. 뛰어난 품질과 다른 생산자와 차별화된 와인 생산으로 영국 왕실과 르네상스 시대의 예술가들이 그의 와인을 즐겨 마셨다. 약 700년 동안 쌓은 포도 재배와 와인 제조 기술을 통해 토스카나 지역뿐만 아니라 이탈리아의 다양한 지역에서 새로운 도전을 계속하고 있으며, 신세계 와인을 대표하는 미국의 대표 와이너리인 로버트 몬다비(Robert Gerald Mondavi)와 함께 탄생시킨 루체 델라 비테(Luce Della Vite)가 역사가 깊다.

• **안티노리(Antinori)**는 700년간 27대에 이은 와이너리(Winery) 가문이다. 솔라이아, 티나넬로 등 다양한 브랜드와 드넓은 포도밭을 소유한 대형 와이너리다.

● 이탈리아의 3대 생산지

베네토(Veneto), 풀리아(Puglia), 시칠리아(Sicilia)

● **이탈리아 3대 와인**

- 토스카나 지역의 키안티 클라시코
- 피에몬테 지역의 바롤로
- 베네토 지역의 아마로네

● **단일 와인으로 가장 유명한 지역**

- **레드와인**: 키안티(Chianti)
- **화이트와인**: 소아베(Soave)

THE WINES OF ITALY

5) 와인 등급

(1) 품질 인증 체계(등급)

① D.O.C.G(Denominazione di Origine Controllata e Garantita, 데
노미나지오네 디 오리지네 콘트롤라타 에 가란티타)

생산통제법에 따라 관리 · 보장되는 이탈리아 정부에서 보증하는 최고급 와인이
다. 전체 와인 생산량 중 8~10%만이 이 등급으로 분류되고 있다. 포도 수확량과
생산방법을 엄격하게 제한하며 이탈리아 정통 와인에만 적용하는 등급이다.

수확이 이루어지기 전에 정부 기관으로부터 품질 보증을 받아야 한다. 현재 15개
지역에서 생산되며, D.O.C.G에 해당하는 와인은 24개이다.

D.O.C.G등급은 핑크 또는 연두색의 띠로 표시한다.

② D.O.C(Denominazione di Origine Controllata, 데노미나지오네 디 오
리지네 콘트롤라타)

D.O.C는 프랑스의 AOC 등급
제도를 모델로 삼은 것이다. 포도 품
종과 수확량, 생산방법 모두 규제하
며, 생산통제법에 따라 관리되는 고
급 와인이다.

원산지 통제표시와 와인 품질을 결정하는 위원회의 주기적인 점검과 규제를 통
해 생산한다. 전체 와인 생산량 중 10~12%만이 이 등급으로 분류된다.

D.O.C 등급은 푸른색으로 표시한다.

③ I.G.T(Indicazione Geografica Tipica, 인디카치오네 제오그라피카 티피카)

I.G.T는 프랑스의 뱅 드 페이(Vins de Pays)를 모델로 삼은 것이다. 생산지를

표시한 와인이며, 일반적인 레벨부터 최고급의 다양한 레벨을 보유하고 있다. D.O.C.G나 D.O.C에 사용되는 지방이나 지역 이름을 사용할 수 없다.

④ VdT(Vino da Tavola, 비노 다 타볼라)

VdT는 일반적인 와인으로 가장 규제가 없는 와인들로 이루어졌다. 최하위 등급으로 저렴하며 일상적으로 소비할 수 있는 와인이다. 그러나, 일부 와인 제조업자는 VdT(Vino da Tavola, 비노 다 타볼라)등급을 따르되, 고가의 와인을 만들어 판매하고 있다. 고가의 슈퍼 토스카나(Super Toscana) 와인이 이 등급에 해당한다.

D.O.C.G (Denominazione di Origine Controllata e Garantita) 데노미나지오네 디 오리지네 콘트롤라타 에 가란티타 원산지 통제 보증 명칭	• 이탈리아 정부가 품질을 보증한다. • 병목 부분에 핑크 또는 연두색 리본이 붙어 있다. • 지명도가 있고, 5년 이상의 D.O.C등급을 유지해야 한다. • 재배 방법 및 양조 방법 등의 조건을 충족해야 한다.
D.O.C (Denominazione di Origine Controllata) 데노미나지오네 디 오리지네 콘트롤라타 원산지 통제 명칭	• 재배 방법 및 양조 방법 등의 조건을 만족해야 한다. • 5년 이상의 DOC 등급을 유지하고, 이미지가 좋으면 승급할 수 있다.
I.G.T (Indicazione Geografica Tipica) 인디카치오네 제오그라피카 티피카 지리적 생산지 표시 명칭	• 프랑스의 뱅 드 페이(Vin de Pays)와 같은 등급이다. • 생산지역에서 사용되는 전통적인 품종이나 양조방식을 따르지 않은 와인이다. • D.O.C를 받지 못한 와인이 포함된다. • 생산지명만 표시하는 경우가 있다 • 포도품종과 생산지명을 표시하는 경우가 있다.
V.d.T (Vino da Tavola) 비노 다 타볼라	• 테이블 와인이다. • 포도를 블렌딩하지 못한 와인이다. • 레이블에는 로소(Rosso 로제), 비앙코(Bianco, 화이트), 로사토 (Rosato, 로제) 등의 와인 색상만 표시된다.

5. 스페인

1) 역사

스페인은 올리브와 하몽, 플라멩코와 투우가 유명한 정열의 나라이다. 포도 재배는 수천 년 전 페니키아인들에 의하여 시작되었으며, 로마 시대 이전부터 재배하였다. 로마 멸망 이후 약 800년간 이슬람 문화권에 속하였기 때문에 와인 산업은 침체되었다.

스페인은 날씨가 건조하고 관개시설이 빈약하여 넓은 땅에 비해 생산량은 적은 편이다. 그러나, 1492년 이사벨 1세 이후부터 포도주 문화가 발달했으며, 새로운 산지 개발과 생산량 증가로

스페인의 포도주 산업은 크게 발달하였으나, 또다시 19세기부터 세계적인 경제가 어려워져 포도주의 생산량도 크게 줄어들고 품질도 저하되었다.

와인이 저급의 와인으로 알려지며, 20세기 이후 생산자와 판매자들은 시설과 기술에 투자하며 현대적 기술 도입으로 스페인의 여러 포도 생산지에서 우수한 와인을 양조하기 시작하였다. AOC와 유사한 DO(Denominacion de Origen)제도를 도입하고, 재배 방법과 양조 방법을 개선하여 우수한 와인을 생산하고 있다. 따뜻한 기후와 가뭄으로 중부와 남부 지역에는 포도나무를 위한 관개시설 설치가 법적으로 정해지며, 스페인의 포도주는 품질이 우수하고 생산량도 더 증가하게 되었다.

와인 생산량은 전 세계에서는 이탈리아, 프랑스에 이어 3번째이다. 건조하고 비옥한 토양 때문에 우수한 농작물과 적포도주로도 유명하며, 백포도주를 다시 발효시켜 만든 셰리와인은 식전주로 유명하다.

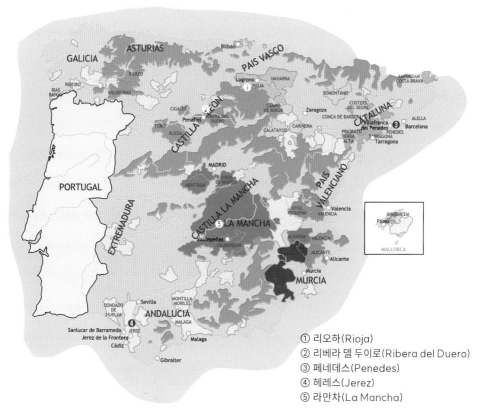

① 리오하(Rioja)
② 리베라 델 두이로(Ribera del Duero)
③ 페네데스(Penedes)
④ 헤레스(Jerez)
⑤ 라만차(La Mancha)

출처: 이자윤, 와인과 소믈리에론, 백산출판사, 2023

2) 재배품종

(1) 레드와인

① 템프라니요(Tempranilo)

섬세하고 풍부한 향의 스페인의 대표 품종이다. 산미와 잘 익
은 과일향으로 우아한 품종이다.

② 가르나차 틴타(Garnacha Tinta)

스페인 북부지역에서 재배된다. 과일향과 스파이시 향이 주된 특징이다.

③ 그라시아노(Graciano)

장기 숙성이 가능하며, 그란 레세르바(Gran Reserva)에 주로 블렌딩하는 품종이다.

④ 모나스트렐(Monastrell)

더운 기후에서 잘 자라는 품종으로, 허브향과 풍부한 과일향, 산미가 좋은 품종이다.

(2) 화이트와인

① 아이렌(Airen)

화이트와인 중 가장 많이 생산되는 품종이다. 중부지역에서 재배되며, 깔끔하고 신선하고 가벼운 바디감이다.

② 마카베오(Macabeo) 또는 비우라(Viura)

리오하 주변 지역에서 재배되며, 카바를 생산하는 데 사용되는 주된 품종이다. 산미가 강하며, 산화가 잘 되는 중성적인 와인이다.

③ 말바시아(Malvasia)

색이 옅으며 복숭아와 살구향이 두드러지는 품종이다.

④ 모스카텔(Moscatel)

이탈리아의 모스카토와 동일 계열의 품종이다. 디저트 와인으로 유명하며, 셰리 와인 양조에 사용되기도 한다.

⑤ 팔로미노(Palomino)

셰리 양조에 사용되는 품종이다. 상큼한 향과 과일향이 난다.

⑥ 파레야다(Parellada)

카바를 양조에 사용되는 품종이다. 레몬향과 꽃향이 난다.

⑦ 페드로 히메네스(Pedro Ximémez)

셰리 양조에 사용되는 품종이다. 줄여서 PX라고도 하며, PX 100%로 생산된 셰리는 당도가 굉장히 높은 것으로 유명하다. 건포도와 캐러멜의 느낌이 강하다.

⑧ 자렐로(Xarelo)

카바를 생산하는 데 사용되는 품종이다. 산화가 잘 되는 품종으로, 라임향과 흙내를 준다.

V 신세계 와인

1. 정의

신세계 와인은 주로 유럽 밖에서 생산된 와인을 의미한다. 대표적인 국가로는 미국, 호주, 뉴질랜드, 아르헨티나, 칠레, 캐나다, 남아메리카 대륙과 남반구 국가 등이 있다. 신세계 와인은 포도 품종과 지역이 잘 명시되어 있어서, 선택하기가 쉽다. 엄격한 규칙이 없으며, 새로움과 기술 지향적인 와인생산을 위해 규제는 적은 편이다. 맛과 품질, 평가 면에서 구세계 와인과 또 다른 좋은 평가를 받고 있다.

2. 특징

1) 기후

신세계 와인생산 지역은 일반적으로 기후가 더욱 따뜻하여 포도가 더 빨리 익는다. 이는 와인의 풍미와 알코올 도수에 영향을 미친다. 나라별 지역별 품종별 특성은 다양한 맛과 레이블 등으로 차이가 난다.

2) 스타일

신세계 와인은 종종 더 과일 향이 강하고, 맛이 풍부하며 타닌이 부드러운 편이다. 영업과 판매에 중점을 두며, 와인 제조 과정에서 최신 기술을 많이 사용한다.

3) 표기법

레이블에 포도 품종(예: Cabernet Sauvignon, Chardonnay)이 명확히 표시되는 경우가 많다. 포도 품종이 강조되며, 빈티지(수확 연도)와 알코올 도수가 명확히 표시된다. 생산자 이름과 와인 생산지(지역명)에 표시되며, 정보가 더 직관적이며, 알기 쉽게 설명되어 있다.

ⓢ **신세계 와인과 구세계 와인의 비교**

	신세계 와인(New World Wine)	구세계 와인(Old World Wine)
생산 지역	미국, 호주, 뉴질랜드, 아르헨티나, 칠레, 남아프리카 공화국 등	프랑스, 이탈리아, 스페인, 독일, 포르투갈, 오스트리아 등
기후	따뜻한 기후, 포도가 빨리 익음	온화한 기후, 포도가 천천히 익음
와인 스타일	과일향이 강하고 풍부한 맛, 타닌이 부드러움	복잡하고 미묘한 풍미, 테루아 강조
생산방식	최신기술 활용	전통적 와인 제조 방식
레이블 방법	포도 품종 중심의 표시 • 생산자 이름 • 지역명 • 포도 품종 • 빈티지 • 알코올 도수	지역명 중심 표시 • 생산자 이름 • 지역명 • 빈티지 • 알코올 도수 • 등급 표시 (예: AOC, DOCG)

대표 지역	Napa Valley(캘리포니아), Barossa Valley(호주), Marlborough(뉴질랜드) 등	Bordeaux, Burgundy, Tuscany, Rioja 등
풍미&특징	• 풍부하고 강렬한 과일향 • 높은 알코올 도수 • 높은 당도 • 묵직한 무게감 • 현대적인 스타일 • 따로 마실 때 최고의 맛을 내도록 설계 • 부드러운 타닌	• 복잡한 아로마 • 더 높은 산도 • 균형 잡힌 구조 • 흙 내음의 복잡한 과일 향 • 낮은 당도 • 가벼운 무게감 • 전통적인 스타일 • 음식에 곁들여 마실때 최고의 맛을 내도록 설계 • 거친 타닌

3. 미국

1) 역사

미국의 와인생산은 콜럼버스가 신대륙을 발견하기 전부터였다고 기록되어 있다.

유럽인들의 이민 생활은 뉴욕주에서 처음 시작되었으나, 황금을 찾아 서부로 이동하면서 포도 농사에 좋은 기후 조건이 캘리포니아에서 더 크게 이루어낼 수 있었다.

17세기의 유럽 출신 이민자들은 토착 품종 포도의 경우 양조용으로 부적합해 제대로 된 와인을 생산하지는 못했다. 이후, 유럽 품종의 양조용 포도의 재배를 시도하였으나, 필록세라로 인해 큰 성과를 거두지 못하였다.

200여 년 전 프란체스코회 선교사에 의해서 본격적인 유럽식 포도 재배가 이루어졌다. 멕시코를 통해 들어온 이들은 토착 품종과 유럽산 양조용 품종을 교배하여 필록세라에 저항성을 가진 양조용 포도를 만들어 냈다.

① 나파(Napa)
② 소노마(Sonoma)
③ 멘도치노(Mendocino)

출처: 이자윤, 와인과 소믈리에론, 백산출판사, 2023

NAPA VALLEY

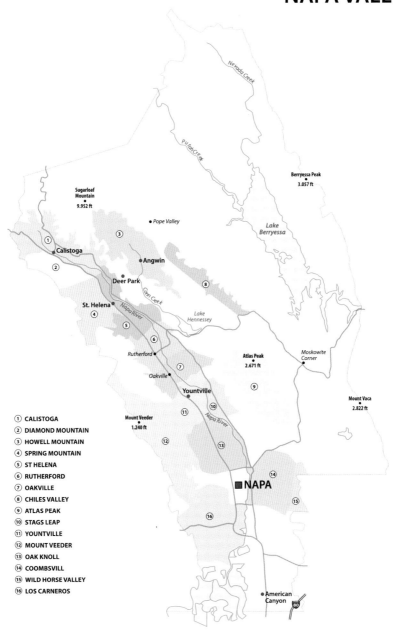

1. CALISTOGA
2. DIAMOND MOUNTAIN
3. HOWELL MOUNTAIN
4. SPRING MOUNTAIN
5. ST HELENA
6. RUTHERFORD
7. OAKVILLE
8. CHILES VALLEY
9. ATLAS PEAK
10. STAGS LEAP
11. YOUNTVILLE
12. MOUNT VEEDER
13. OAK KNOLL
14. COOMBSVILL
15. WILD HORSE VALLEY
16. LOS CARNEROS

19세기 중반 고급 유럽 품종의 도입은 미국 와인의 역사에 크게 바꾸게 되었으며, 유럽에서 와인 양조 경험을 쌓은 이민자들의 공헌이 무엇보다 컸다.

이후 1919년부터 1933년까지의 금주령이 내려지면서 와인산업은 침체기를 맞이하게 되었다. 금주법 기간에는 미국 전체에서 양조가 중단된 것은 아니었고, 일부 와인 제조업체들은 미사주 양조를 허가받아 소량의 와인을 생산하였다.

이후 세계대전 등으로 사회·정치적으로 어려운 고비를 넘기는 시기를 보내며, 산업화에 맞추어 와인 생산자들이 등장하여 차츰 탄탄한 토대를 갖게 됐다.

미국의 와인산업은 1970~80년대 사이에 엄청난 발전을 이루었다. 미국 와인 생산자들은 1983년 처음으로 토양과 기후에 따른 지역 명칭을 구체화했으며, 1990년대에 방송매체에서 소개된 와인은 일반인들에게 자연 홍보가 되었다. 캘리포니아주는 포도나무의 생산과 양질의 포도를 얻기 위한 노력을 끊임없이 하였다. 미국 와인의 발전은 지역에 소재한 많은 대학, 정부 기관, 생산자들의 와인에 관한 연구와 품질 개발에 끊임없이 노력한 결과이다.

2) 지리적 환경 및 재배품종

(1) 지리적 환경

캘리포니아는 농사를 짓기에 이상적인 기후조건을 갖추고 있으며, 풍부한 자원과 우수한 기술로 세계적인 와인을 생산하는 지역이다. 미국 와인의 90%는 캘리포니아주에서 생산된다. 구세계 국가에서는 테루아에 중점을 두고 있지만, 신세계 국가인 미국에서는 양조 기술에 더 많은 힘을 쏟고 있다. 가장 생산량이 많은 캘리포니아에서는 포도가 익는 계절에는 강우량이 적다. 이를 보완하기 위하여, 관개수로와 스프링클러 등의 사용으로 극복해 가며, 포도를 기술적으로 재배하고 있다.

(2) 재배품종

캘리포니아의 넓은 지역에는 여러 종류의 포도 품종이 재배되고 있다. 화이트와인 품종으로는 샤르도네, 쇼비뇽 블랑(퓌메블랑)이 대표적이다. 레드와인 품종으로는 카베르네 쇼비뇽, 메를로, 진판델, 피노 누아가 대표적이다. 프렌치 콜롬바, 말바지아 비앙카, 뮈스카 알렉산더 등의 품종은 주로 블렌딩 와인으로 사용된다.

진판델(Zinfandel)은 미국을 대표하는 포도 품종의 하나이며, 도수가 높으며 풀 바디감의 레드와인을 만드는 품종이다. 향신료와 검은 과실의 느낌이 강한 진판델은 본래 저그 와인을 포함한 중저가형 와인을 만드는 데 주로 사용되었으나 양조 기술이 발달함에 따라 훌륭한 품질을 가진 풀 바디의 레드와인으로 거듭났으며, 미국 음식을 포함하여 다양한 음식과 잘 어울려 인기가 있다. 가장 유명한 지역은 캘리포니아이다. 이탈리아 남부에서 재배되는 프리미티보(Primitivo) 품종과 같다고 여겨졌으나, 유전자 분석에 따라 서로 다른 품종임이 밝혀졌다.

3) 주요 생산 지역과 유명 생산자

● AVA(American Viticultural Areas, 지정재배 지역) 와인 산지

신세계 와인은 특별한 등급 체계나 원산지에 관한 규정이 없다. 수백 년의 역사를 거친 구세계의 유럽은 많은 사람의 평가에 의해서 또는 와인의 산지나 생산자의 우수함으로 인하여 자리를 잡을 수 있었지만, 짧은 역사가 있는 신세계는 아직은 특별한 등급 체계를 가지고 있지 않다. 그러나, 일반적으로 알려진 명산지가 있으며, 하나, 둘 원산지의 범위를 정하는 정도의 체계를 갖추어 나가고 있다.

'미국 정부의 승인을 받은 포도 재배 지역'이란 뜻의 AVA는 '연방정부에 승인되어 등록된 주' 즉 '지역 내에 속하는 특정 포도 재배 지역'을 뜻한다.

1983년부터 시행된 AVA는 어느 지역이 더 우수하다거나 품질을 보증한다는 의미가 아니고 단순히 다르다는 개념뿐이기 때문에, 각 포도 재배 지역을 구분하자는 취지에서 시작되었다. 구세계 와인처럼 재배 방법, 생산방법, 품종 등에 대한 규정은 정해진 것이 없으나, 제조자 자신이 정한 품질 기준과 소비자의 원산지의 이해를 돕기 위하여 자율적으로 관리한다.

(1) 워싱턴주(州)

미국 북서부에 있는 워싱턴주(Washington State)는 와인생산 역사는 비교적 짧지만, 좋은 품질의 와인을 생산하는 것으로 알려져 있다. 미국에서 가장 살기 좋은 지역 중 하나로 꼽히는 워싱턴주는 태평양과 로키산맥 사이에 자리 잡고 있으며 태평양 쪽으로는 감성과 낭만의 도시 시애틀이 자리하고 있으며, 주의 한가운데를 가로지르는 캐스케이드산맥과 컬럼비아강을 따라 아름다운 경치로 유명하다. 원래는 높은 위도 때문에 가장 적합한 품종으로 여겨진 리슬링과 쇼비뇽 블랑, 샤르도네 등 화이트와인용 포도를 재배하기 시작했다.

● **유명 생산자**

- 콜롬비아 밸리(Columbia Valley)
- 콜롬비아 크레스트(Columbia Crest)

(2) 오리건주(州)

오리건주는 차가운 북태평양 한류의 영향을 받아 서늘한 지역이다. 그러나 이런 기후에 잘 적응하는 피노 누아를 재배 성공하여 프랑스 부르고뉴의 그랑 크뤼 포도밭에서 생산되는 피노 누아와 비교하여도 손색이 없는 피노 누아 100%의 레드와인을 생산하고 있다. 캘리포니아와 함께 피노 누아를 대표하는 지역이며, 명성으로는 캘리포니아를 능가한다.

● **유명 생산자**

- 아처리 서밋 와이너리(Archery Summit Winery)
- 도멘 드루앵(Domaine Drouhin)

(3) 캘리포니아주(州)

캘리포니아는 17만 헥타르의 포도 재배면적으로 미국 와인 생산량의 약 90%를 담당하고 있으며, 생산량과 품질 모두 최고로 인정받고 있는 지역이다. 캘리포니아의 가장 중요한 와인 산지로 꼽히는 것은 나파(Napa), 멘도치노(Mendocino), 소노마 카운티(Sonoma County)가 자리 잡은 캘리포니아 북부 해안 지역이다.

- 로버트 몬다비(Robert Gerald Mondavi)
- 겐조 이스테이트(Kenzo Estate)

로버트 몬다비

(4) 소노마 카운티(Sonoma County)

소노마 카운티는 소노마 밸리, 노던 소노마, 소노마 코스트의 3개 AVA로 구성되어 있다. 산하에 소노마 밸리, 러시안 리버 밸리, 카네로스 등 유명 산지들을 거느리고 있으며, 벌크와인을 주로 많이 생산했지만, 1970년 이후 와인의 품질이 개선되면서 약 13만 톤의 품질 높은 와인생산에 주력하고 있다. 생동감 넘치는 산도와 적당한 알코올, 상큼한 과일 향의 소노마 와인의 특징이며, 샤르도네 최고 재배지이다.

소노마 카운티   소노마 와이너리

● **유명 생산자**

- 샤토 생 진(Chateau St. Jean)
- 켄우드(Ken wood)

(5) 나파 밸리(Napa Valley)

나파란 나파 밸리에 처음 거주했던 와포(Wappo) 인디언 부족의 말로 '풍요의 땅'이란 뜻이다. 카베르네 쇼비뇽, 메를로 품종을 주로 재배하는 캘리포니아의 레드와인 대표 산지이다.

1933년 금주법 폐지로 나파 밸리의 약 70%에서 유럽종을 재배하기 시작하였고, 성공적인 재배 기술로 품질과 지명도를 얻는 데 성공하였다.

실버오크   나파밸리

● **유명 생산자**

• 케이머스(Caymus)
• 콜긴 셀러즈(Colgin Cellars)
• 클로 뒤 발 와이너리(Clos du Val Winery)
• 프리마크 애비(Freemark Abbey)
• 고스트 블락(Ghost Block)
• 그르기치 힐스 이스테이트(Grgich Hills Estate)
• 할란 이스테이트(Harlan Estate)
• 조셉 펠프스 빈야즈(Joseph Phelps Vineyards)
• 라 시레나(La Sirena)
• 오퍼스 원(Opus One)
• 아웃포스트 와이너리(Outpost Winery)
• 플럼프 잭 와이너리(PlumpJack Winery)
• 샤토 생 진(Chateau St. Jean)
• 켄우드(Ken wood)
• 로버트 몬다비(Robert Mondavi) 등

(6) 멘토치노(Mendocino County)

유기농 재배의 선두 지역으로 샤르도네와 피노누아가 매우 잘 자란다. 뜨거운 낮과 선선한 밤의 온도 차로 인하여 포도 재배에 적합한 지역이다. 메를로, 진판델 등을 이용하여, 부드러우면서 풀 바디한 레드와인 생산지역이다.

4) 레이블 표기 방법

레이블의 표기는 해당 지역에서 생산된 포도 품종의 사용량을 표시하며, 사용량은 주마다 다르다.

(1) 주(州) 표시

- 연방법: 주에서 생산된 포도 75% 이상 사용
- 워싱턴주: 2010년 빈티지부터 95% 이상 사용
- 캘리포니아주: 2009년 빈티지까지 100% 이상 사용
- 오리건주: 2010년 빈티지부터 95% 이상 사용

(2) 카운티(County) 표시

- 카운티에서 수확된 포도 75% 이상 사용
- 3 지역까지의 카운티를 표시할 때 레이블에 기재할 것

(3) AVA 표시

- AVA에서 수확된 포도 85% 이상 사용

(4) 포도밭 표시

- 특정 포도밭에서 수확된 포도는 95% 이상 사용

(5) 와인의 타입

① 제네릭 와인(Generic Wine)

품종은 표기하지 않고, 스타일만 표시하는 와인으로 여러 가지 품종을 블렌딩해서 양조한다.

② 버라이어탈 와인(Varietal Wine)

품종을 기재한 고급 와인이다.

③ 메리티지 와인(Meritage Wine)

'Merit + Heritage'의 조합으로 미국에서 보르도 스타일로 만든 와인이다. 카베르네 쇼비뇽, 메를로, 말벡, 카베르네 프랑, 쇼비뇽 블랑, 세미용, 뮈스카델 등 해당 업체가 생산하는 최고의 제품이다.

5) 컬트와인(Cult Wine)

컬트(Cult)는 라틴어 'Cultus'에서 유래한 말로 숭배라는 뜻이다. 소규모 농원에서 한정된 양만을 생산하며, 구매하기 위해서는 '메일링 리스트'에 이름을 올려야만 할 정도로 귀한 와인이다.

컬트와인은 오래전부터 있었지만, 와인 애호가들 사이에서 은밀하게 알려져 있으며, 해당 국가에서만 국한되어 알려진 희귀 와인이었으나, 산업화한 현대에 이르러 상업적 영향으로 세상에 알려지며 이제는 국제적인 와인이 되었다. 이러한 이유로 애호가들과 투자자들 사이에 수요가 늘면서 가격 상승 요인이 되었다.

컬트와인의 시작은 프랑스 포므롤 지역의 샤토 르팽(Chateau Le Pin)이다. 소유주 자크 티엔퐁(Jacques Thienpont)은 메를로 100%로 만든 첫 번째 와인을 시장에 내놓았다. 이때 주요 와인 평론가들로부터 높은 평가를 받으면서 알려지게 되었는데,

1979년까지 이 와인은 벌크로 판매되던 와인이었다.

총 2헥타르 정도밖에 되지 않는 면적에서 90% 이상이 메를로 품종으로 재배된다. 매우 적은 양이 생산되지만, 전 세계적으로 많은 사람들이 맛보고 싶어 하는 와인이며, 가격이 매우 비싸다.

컬트와인은 보르도와 부르고뉴를 비롯하여 이탈리아, 미국에까지 확산하였다. 미국 캘리포니아에서 1983년에 구세계와 신세계의 와인 명가에 의해서 첫 빈티지가 나왔다. 로버트 몬다비(Robert Gerald Mondavi) 와이너리와 샤토 무통 로칠드(Château Mouton Rothschild)가 손잡고 만든 '오퍼스 원(Opus One)'이다. 오피스 원의 가격은 그 당시 미국 와인 가격의 10배에 이르러 사람들의 관심을 불러일으켰으며, 무엇보다 세계 와인산업의 역사와 현대 와인 생산의 대표적인 명작이다.

오퍼스 원(Opus One)은 나파밸리 와인산업의 혁명을 일으켰으며, 프랑스의 전통적인 기법과 현대적 기술을 활용하여 세계 와인의 표본을 제시했다. 또한 캘리포니아의 스크리밍 이글(Screaming Eagle), 할란 이스테이트(Harlan Estate) 등이 1990년대 최고급 와인을 내어놓았다. 저명한 와인평론가 로버트 파커가 그 중 몇몇에 100점 만점을 주면서 유명세를 치르기 시작했다. 이는 캘리포니아 와인이 수준 높은 세계적인 와인으로 알려지게 되는 계기가 되었다.

최근 호주 바로사 밸리(Barossa Valley)에서도 컬트와인(Cult Wine)이 등장하였다. 약 10년 전부터 알려져 왔던 토브렉(Torbreck)과 쓰리 리버(Three River) 등과 같은 와인은 호주의 최고급 와인인 펜폴즈 그랜지(Penfolds Grange)와 헨쉬케 힐 오브 그레이스(Henschke Hill of Grace)보다 훨씬 더 높은 가격에 판매되고 있다.

호주의 빅토리아에서는 와일드 덕 그릭(Wild Duck Creek)이 높은 가격에 판매되고 있으며, 지아콘다(Giaconda), 바스 필립 피노 누아(Bass Phillip Pinot Noir)는 부르고뉴의 피노 누아를 압도할 정도이다.

컬트 와인을 구매하는 사람들은 마시기 위한 용도 외, 와인 수집과 투자용 등으로 그 목적은 다양하다.

최상급의 와인을 만들기 위해 필요한 요소는 와인 애호가들의 선호도가 중요시되는 높은 품질과 전문가들의 높은 평가, 세계적인 와인 대회의 출전과 수상 경력, 최고의 빈티지와 한정된 수량이다. 또한 와인의 이미지와 평판이 중요하며, 높은 경매가격도 중요한 요소가 된다.

컬트와인은 '블루칩 와인', '차고 와인', '부티크 와인' 등으로 불리며, 와인 시장에서는 이러한 고급화된, 차별화된 와인에 관심을 가지며, 새로운 와인 발굴에 촉각을 곤두세우고 있다.

(1) 미국의 컬트 와인

- 아브로(Abreau)
- 아라우호(Araujo)
- 본드(Bond)
- 브라이언트 패밀리(Bryant Family)
- 콜긴 샐러즈(Colgin Cellars)
- 달라 벨라(Dalla Valle)
- 할란 에스테이트(Harlan Estate)
- 헌드레드 에이커(Hundred Acre)
- 스캐어크로우(Scarecrow)
- 슈래더(Schrader)
- 스크리밍 이글 슬론(Screaming Eagle Sloan)
- 시네 쿠아 논(Sine Qua Non)
- 슬로안(Sloan)

(2) 유명한 컬트와인

- 캘리포니아의 스크리밍 이글(Screaming Eagle)
- 호주의 펜폴즈 그랜지(Penfolds Grange)
- 이탈리아의 가라르디 떼라 디 라보로(Galardi Terra di Lavoro)
- 콜긴(Colgin)
- 할란 에스테이트(Harlan Estate)
- 아로호(Araujo)
- 브라이언 패밀리(Bryant Family)

● **저그와인(Jug Wine)**

- 항아리같이 큰 용기에 담아서 저렴한 가격으로 파는 와인
- 국내 소비의 60% 가까이 차지하는 와인(bag-in-box)
- 값은 싸지만 맛도 나쁘지 않다.

4. 칠레

1) 개요

칠레는 국토 길이가 가로 약 170km, 세로 약 5,000km로 남북 간의 길이가 매우 긴 나라이다. 칠레는 남반구의 위도 32~36도 사이에 있으며, 일교차가 큰 지역이다. 안데스산맥의 빙하와 구리 성분이 많은 병충해에 강한 토양은 포도 재배에 적합한 환경으로 최상의 조건이다. 세계에서 유일하게 안데스산맥과 남태평양 빙하, 건조한 사막 등으로 둘러싸인 칠레는 이러한 외부와 단절된 조건으로 인하여 필록

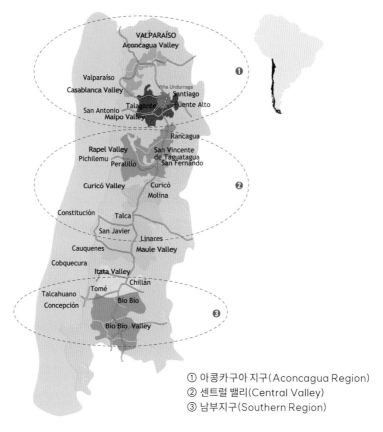

① 아콩카구아 지구(Aconcagua Region)
② 센트럴 밸리(Central Valley)
③ 남부지구(Southern Region)

출처: 이자윤, 와인과 소믈리에론, 백산출판사, 2023

세라(Phylloxera)의 피해를 입지 않았던 곳이기도 하다. 포도가 성장하기에 좋은 환경과 농약 잔류량 기준을 철저히 지키는 것으로 유명한 칠레산 포도는 식품 안전 기준법이 까다로운 유럽과 미국에 대량 수출됐다.

일부 지역에는 미국 품종과 접붙이기를 하지 않은 유럽종 포도나무가 남아 있으며, 이 나무는 1860년 이전부터 있었던 묘목이다. 이곳에서 생산되는 와인은 가장 친환경적인 조건으로 생산된다는 점과 고전의 맛이 남아 있는 와인으로 유일하게 남아 있는 곳이다.

2) 재배품종

레드와인 품종의 경우 카베르네 쇼비뇽(Cabernet Sauvignon), 메를로(Merlot), 카르미네르(Craménère) 순으로 많으며, 화이트와인 품종의 경우 쇼비뇽 블랑, 샤르도네, 세미용(Sémillon) 순으로 생산량이 많다.

카르미네르(Carménère)의 원산지는 프랑스 보르도이지만 칠레의 기후와 토양, 재배 요건과 잘 맞아 대표 품종으로 재배하고 있는 품종 중 하나이다. 부드럽고 우아한 맛과 향이 특징이다.

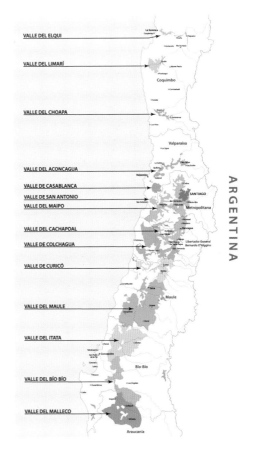

3) 재배지역

(1) 아콩카구아 지구(Aconcaguaa Region)

안데스산맥과 인접해 있으며, 지중해성 기후이다. 연간 240~300일의 청정한 날씨로 여름에는 일교차가 20℃에 달한다. 아콩카구아에 속해 있는 카사블랑카 밸리(Casablanca Valley)에서는 쇼비뇽 블랑(Sauvignon blanc), 샤르도네(Chardonnay), 피노누아(Pinot noir)가 유명하다.

(2) 센트럴밸리(Central Valley)

칠레의 와인 생산지 중 가장 중요한 지역이다. 이곳은 카베르네 쇼비뇽, 메를로, 카르미네르를 생산하는 최고의 산지이다. 칠레 와인의 90%가 생산되는 곳이며, 센트럴 밸리에서는 단일 품종뿐만 아니라 보르도 스타일의 블렌딩 와인도 생산되고 있다.

(3) 남부지구(Southern Region)

칠레에서 새롭게 개발된 산지로 비오비오밸리(Bio Bio Valley)와 이타타 밸리(Itata Valley)등 서늘한 기후대에 있다. 이 지역에서는 관개수로가 필요하지 않으며, 리슬링(Riesling)과 게브리츠트라미너(Gewurztraminer)와 같은 아로마가 풍부한 화이트와인 생산이 적합한 곳으로 개발되고 있다.

4) 와인 규정

1967년부터 포도밭을 지역별로 구분하고 면적을 제한하였으며, 1995년 이전까지는 해당 품종 85% 이상에 관한 규정만 있었다.

1995년 원산지 통제 명칭 제도(Denominacions de Origen)를 새롭게 정비하면서 아래의 표와 같이 와인을 구분한다.

⑤ **통제 명칭 제도(Denominacions de Origen)**

테이블 와인 (Vino de Mesa)	품종, 품질, 빈티지 표시 불가
원산지 표시 와인	칠레에서 병입된 것(지역 포도, 해당연도, 품종 75% 이상)
산지 표시 와인 (Estate Bottled)	산지 내 위치
숙성 기간 표기	Gran Resereva, Gran Vino, Resereva, Resereva Especial, Resereva Privada, Selection, Superior 등으로 표기됨.(특별한 규정없이 회사별로 사용함)

원산지 표시를 할 수 있는 와인은 칠레에서 병입된 것이다. 지역 포도, 해당 연도, 품종 75% 이상이 들어가야 표시할 수 있다. 블렌딩의 경우 각 품종을 15% 이상 사용해야 하며, 비율 순으로 3가지만 표시할 수 있다.

현재 미국, 칠레를 중심으로 하는 신대륙 와인들이 끊임없이 상품으로 쏟아져 나오고 있으며, 일부 미국 와인은 프랑스 와인을 능가한다는 평을 받는다.

5. 아르헨티나

1) 개요

아르헨티나의 와인 역사는 16세기에 후안 시드론(Juan Cidron)이 파이스(Pais) 포도를 심으면서부터이다. 당시의 와인은 품질이 형편없어서 대부분 내수용으로 소비되었으며, 생산량에만 치우치고 품질은 신경 쓰지 않아 저급한 와인뿐이었다.

1885년 부에노스아이레스에서 멘도사 사이의 철도가 개통되면서 와인 시장 규모가 서서히 커지기 시작했다.

① 살타(Salta)
② 산 후안(San Juan)
③ 멘도사(Mendoza)

출처: 이자윤, 와인과 소믈리에론, 백산출판사, 2023

1980년대부터 현대적인 설비와 양조 기술을 도입하여 와인 품질이 좋아졌고, 1990년대에는 정부의 지원과 외국 자본의 투자가 이어지면서 와인산업이 급성장하게 되었다. 현재 세계 5대 와인 생산국이며, 지속적인 성장 가능성이 있는 나라이다.

2) 재배 환경

높은 지대의 포도밭은 기르기는 어렵지만, 큰 일교차로 인해 구조가 튼튼한 와인으로 성장하기에 좋은 조건이다. 축적된 산미와 알코올 도수와 산도를 높여주고, 쉽게 산화되지 않고 장기 숙성에 유리한 고급 와인이 될 수 있다. 이는 양조용 포도 재배의 큰 장점이다.

이곳은 가뭄으로 비가 거의 오지 않아 물이 부족하지만, 안데스산맥의 눈이 녹아서 흐르는 물을 관개시설로 포도밭에 공급하므로 청정수가 그대로 공급되는 장점이 있다. 토양은 척박하고 모래가 많아 포도 뿌리를 공격하는 필록세라(Phylloxera)에 강하지만, 포도나무를 말라 죽게 하는 선충(Nematodes)이 관개수로를 따라 퍼질 수 있다. 선충의 피해가 큰 곳은 일반적인 관개수로 대신 물방울이 떨어지도록 하는 드립(Drip)형 관개시설을 설치한다.

아르헨티나 와인은 포도가 잘 익고, 당분과 산미가 충분히 축적될 수 있는 자연환경과 저렴한 인건비로 인하여, 와인의 품질은 매우 우수하며, 가격은 아주 저렴하다.

3) 포도 품종

안데스산맥의 고지대에서 생산되는 말벡(Malbec)으로 만드는 레드와인과 토론테스(Torrontes)로 만드는 화이트와인은 아르헨티나의 대표적인 와인이다.

(1) 레드와인

① **말벡**: 아르헨티나의 400년 역사와 함께한 와인이며, 26%의 생산량으로 세계 1위이다. 체리와 서양 자두, 블랙베리, 향신료, 커피, 초콜릿, 바나나, 바이올렛 꽃 향이 나오는 레드와인을 만들 수 있다.

② **보나르다**(Bonarda): 21% 생산

③ **카베르네 쇼비뇽**(Cabernet Sauvignon): 20% 생산

④ **시라/시라즈**(Syrah/Shiraz): 13% 생산

⑤ **메를로**(Merlot): 9% 생산

⑥ **템프라니요**(Tempranillo): 7% 생산

(2) 화이트와인

① 토론테스(Torrontes): 37% 생산되는 청포도 품종이며, 뮈스카(Miscat) 같은 포
   도향과 함께 게뷔르츠트라미너(Gewurztraminer)와 비슷한 화이트와인을 만들
   수 있다.

② 샤르도네(Chardonnay): 22% 생산

③ 슈넹 블랑(Chenin Blanc): 14% 생산

④ 우니 블랑(Ugni Blanc): 12% 생산

4) 생산 지역

(1) 살타(Salta)

전체 와인생산의 2%를 정도 차지하지만, 가장 오래된 산지이며, 세계에서 가장
높은 위치에 있는 포도밭이 있다.

토양은 사토와 자갈이 많아 배수가 잘되며, 품질이 좋고 역사가 오래된 와이너
리가 많다.

(2) 산후안(San Juan)

아르헨티나에서 두 번째로 큰 포도 재배 지역이다. 멘도사 바로 위쪽에 위치하며, 매우 건조하며, 틀럼 계곡을 끼고 있으며, 산후안 강으로부터 관개시설로 물을 얻어 여러 가지 식물을 재배하는 지역이다. '오아시스 도시'라는 불리는 지역이다.

(3) 멘도사(Mendoza)

아르헨티나와 칠레를 잇는 위치에 있으며, 와인과 올리브오일의 산지로도 유명하다. 포도밭은 안데스산맥 고도 600m의 구릉지에 흩어져 있다.

아르헨티나의 와인 중 70%를 차지하는 최대 생산지이며, 대부분의 고급 와인은 멘도사에서 생산된다.

VI 아로마와 와인 시음

1. 아로마(Aroma)

아로마는 포도 품종 고유의 향을 말한다. 과일 향, 꽃 향 등과 같은 향이 나고 스월링(Swirling)하기 전에 나는 향이다. 부케는 프랑스어로 작은 꽃다발이란 뜻으로 신랑이 신부에게 청혼할 때 사용하는 부케와 같은 단어이다. 와인의 숙성방법과 숙성시간에 따라 새로이 생성되는 향을 뜻한다. 아로마는 각각의 단순한 향이라고 한다면, 부케는 여러 향이 어우러져 조화롭게 더 넓은 의미의 향을 낸다고 보면 된다. 부케 향에는 나무 향, 동물 향, 가죽 향, 버터 향 등이 있으며, 스월링하면 훨씬 더 풍부한 향이 난다. 아로마와 부케를 통틀어 노즈(Nose)라고 한다.

● **Swirling(잔 흔들기)**

와인이 공기와 만나면서 알코올은 공기 중으로 날아가고, 타닌의 떫은맛은 순해지면서 와인 속 숨어있던 꽃 향과 과일 향 등이 공기 중에 발산되어 와인 본래의 맛을 느낄 수 있다.

1) 과일 아로마

(1) 붉은 과일

주로 가벼운 레드와인에서 많이 느껴지며, 상쾌하고 신선한 느낌을 준다.

(체리, 딸기, 라즈베리, 크랜베리)

(2) 검은 과일

풀 바디 레드와인에서 많이 나타나며, 깊고 진한 향을 제공한다.

(블랙베리, 블랙커런트, 블루베리, 자두)

(3) 열대 과일

화이트와인, 특히 신세계 와인에서 흔히 나타나는 향이다.

(망고, 파인애플, 패션프루트, 바나나)

(4) 시트러스 과일

산도가 높은 화이트와인에서 주로 발견되며, 신선하고 상쾌한 느낌을 준다.

(레몬, 라임, 오렌지, 자몽)

(5) 핵과일

주로 화이트와인에서 느껴지며, 부드럽고 풍부한 향을 제공한다.

(복숭아, 살구, 넥타린)

(6) 사과/배

샤르도네 같은 화이트와인에서 흔히 나타나는 향이다.

(사과, 배, 녹색 사과)

(7) 말린 과일

오래된 레드와인이나 디저트 와인에서 자주 발견된다.

(건포도, 무화과, 대추, 말린 살구)

2) 꽃 아로마

와인의 꽃 향은 우아하고 복잡한 향을 제공한다. 화이트와인과 로제와인에서 자주 나타나며, 장미 향은 특히 게뷔르츠트라미너 품종에서 강하게 나타난다.

(장미, 제비꽃, 라벤더, 아카시아, 오렌지꽃, 백합, 재스민)

3) 허브/풀 아로마

허브와 풀 향은 주로 서늘한 기후에서 재배된 포도에서 나오는 와인에서 많이 나타난다. 이러한 향은 와인에 신선함과 복합성을 더해준다.

(풀 향, 민트, 바질, 타임, 로즈메리, 유칼립투스, 허브차, 파슬리, 차이브)

4) 향신료 아로마

오크 숙성 와인에서 많이 느껴지며, 특히 바닐라 향은 아메리칸 오크에서 주로 발생한다. 후추 향은 시라/시라즈 와인에서 흔하게 나타난다.

(후추, 계피, 정향, 감초, 육두구, 바닐라, 카다멈, 생강)

5) 견과류 아로마

견과류 아로마는 주로 숙성된 와인에서 발견되며, 아몬드와 헤이즐넛 향은 샴페인과 같은 발포성 와인에서도 자주 나타난다.

(아몬드, 헤이즐넛, 호두, 땅콩, 마카다미아, 땅콩, 버터)

6) 나무/오크 아로마

오크 배럴에서 숙성된 와인에서 느껴지는 아로마이다. 바닐라, 연기, 시가 상자 같은 향은 와인에 깊이와 복합성을 더해준다.

(바닐라, 토스트, 연기, 시가 상자, 셀러, 오크, 소나무, 삼나무, 샌달우드)

7) 지구/흙 아로마

흙과 지구 향은 주로 구세계 와인에서 많이 발견되며, 와인에 자연스럽고 복잡한 느낌을 더해준다. 버섯 향은 오래된 레드와인에서 자주 나타난다.

(흙, 버섯, 가죽, 담배, 습지, 석회암, 미네랄, 화강암, 점토, 진흙)

8) 화학적 아로마

화학적 향은 와인에서 결함을 나타낼 수 있으며, 황이나 아세톤 같은 향은 와인이 잘못 저장되었거나 불완전 발효되었을 때 나타날 수 있다.

(휘발성 산, 황, 플라스틱, 연료, 아세톤, 타르, 약품)

9) 기타 아로마

초콜릿, 커피, 버터 등 다양한 기타 아로마는 주로 오크 숙성 와인나 특정 포도 품종에서 나타나며, 와인의 풍미를 더욱 복잡하고 흥미롭게 만들어 준다.

(초콜릿, 커피, 버터, 크림, 꿀, 캐러멜, 메이플 시럽, 캐러멜화된 설탕, 당밀, 염소 치즈, 버섯 크림, 빵, 토스트)

2. 와인 시음순서와 방법

와인 음용(Wine Drinking)은 수동적으로 그냥 마시는 것이라면, 와인 검사(Wine Tasting)는 어떠한 의도를 가지고 특별한 목적을 위하여, 계획하고 준비하고 실행하는 과정이다. 와인 시음은 와인의 품질을 평가하는 중요한 일이므로, 모든 신경을 집중해야 한다.

와인에 관한 관심과 지식, 과학적 사고와 이해력 등이 필요하며, 일반적인 수준의 사람, 와인에 입문하는 젊은이라면 학습과 훈련을 통하여, 충분히 훌륭한 와인 시음가가 될 수 있다.

1) 시음순서

다음은 와인 마시는 순서이다. 시음할 때도 평소 마실 때와 같은 순서로 해야 한다.

기본급 와인 → 고급 와인

가벼운 와인 → 묵직한 와인

어린 와인(Young) → 오래된 와인(Old)

드라이 와인 → 스위트 와인

2) 시음온도

와인의 맛과 향이 감지를 쉽게 하려면 마시는 온도보다 약간 높은 온도에서 하는 것이 좋다.

스파클링 와인 → 6~8℃

화이트와인 → 10~12℃

로제와인 → 10~12℃

레드와인 → 16~18℃

3) 와인 시음의 3단계

시각 → 후각 → 미각

3. 와인 시음 용어

와인의 품질을 평가할 때, 일반적으로 균형과 조화라는 두 가지 측면을 고려해야 한다.

와인의 균형은 구조적이고 과학적이어야 한다. 화이트와인은 산도와 당도, 감미로움, 레드와인은 타닌과 당도 그리고 감미로움, 산도같이 와인을 구성하는 맛들이 서로 만족스럽게 조합되었을 때, 균형이 맞는다는 느낌을 받는다. 균형 잡힌 맛은 신맛, 단맛, 쓴맛이 적절히 조화를 이루었을 때 균형 잡힌 와인이라 할 수 있다.

또한, 와인 각각의 구성물 간에 최소한의 일치가 이루어졌을 때, 와인이 조화롭다고 한다. 와인을 각각 맛보았을 때는 타닌이나, 산도, 알코올의 과다에서 오는 감미로움이나 불쾌한 요소를 갖고 있지 않지 않지만, 동시에 맛보았을 때는 하나의 요소가 다른 요소들과 더 적극적으로 반응하여 전체적인 맛이 만들어진다. 이는 세 가지 그룹에 속한 맛이 동등할 때보다는 계층 구조를 이룰 때 더 자주 얻어지는 결과이다. 조화라는 것은 교육과 문화적 관습에 따라 나라마다 조금씩 다르다.

바디(Body)는 가벼운 와인에서 진한 와인에 이르기까지 강도를 분류하는 기준이다. 타닌, 당도, 산도, 알코올의 특징을 통해 바디(Body)를 느낄 수 있다.

좋은 시음자가 되기 위해서는 새로운 것에 귀 기울이는 열린 마음과 여유를 갖는 것과 감각적 감수성을 개발하는 것, 교육과 적극적인 자세가 필요하다.

WHITE WINE GLASSES

Riesling   Sauvignon Blanc   Flute   Montrachet   Sauternes   Chardonnay   Coupe

⑤ 알아두면 좋은 와인 시음 용어

Acetic(신맛)	Grassy(풀향)	Structured(맛이 짜여진)
Aromatic(아로마가 풍부한)	Jammy((잼 같은)	Toasty(토스트향)
Buttery(버터향)	Light(라이트한, 가벼운)	Body(바디)
Balanced(균형 잡힌)	Minerally(미네랄향)	Vanilla(바닐라)
Chewy(씹히는 듯한)	Meaty(고기향, 육즙)	Nutty(견과)
Complex(복합적인)	Oaky(오크향)	Finish(여운)
Crisp(상쾌한, 바삭한)	Petrolly(휘발유 냄새가 나는)	Full(풍부한)
Dusty(먼지와 같은 흙냄새)	Powerfull(강렬한 향)	Fruity(과일 맛이 풍부한)
Earthy(흙냄새)	Rich(감칠맛이 나는)	Floral(꽃향)
Dry(단맛이 없는, 드라이한)	Ripe(농익은)	Fresh(신선한)
Graceful(기품있는)	Rounded(향이 조화로운)	Heavy(무거운)
Full(무거운 향)	Spicy(매콤한)	Moneyed(꿀 같은)

4. 와인 서비스 순서

1) 레드와인

준비	• 고객이 주문한 레드와인을 Round Tray로 운반한다.
Presentation	• 냅킨을 사용하여 보기 좋게 3등분 접어서 와인병을 파지하는데 레이블이 위쪽으로 오게 한다. • 고객의 오른쪽에서 와인을 설명한다(와인의 레이블, 빈티지, 포도품종, 생산지 등).
Opening the bottle	• Silver plate 위에 와인병을 세우고 레이블은 고객이 볼 수 있도록 한다. • 와인 스크류에 붙어 있는 캡슐의 도출된 부분에(Dripping Rim) 칼집을 반 바퀴 넣어 앞뒤로 하여 제거하는데 와인병을 돌려서는 안 된다. • 냅킨으로 병마개 주위를 깨끗이 닦는다. • 코르크 중앙에 와인 코르크 스크류를 삽입하고 이때 나선형이 1 Step 남도록 한다. 이때 와인 코르크 스크류 손잡이가 5시 방향으로 오도록 한다. • 와인 코르크 스크류를 사용하여 코르크를 제거한다. 코르크를 제거할 때 와인 코르크 스크류에 달린 받침대를 병쪽 가장자리에 부착하고 밑에서 위로 조심스럽게 코르크를 빼는데 왼손으로 병쪽 가장자리에 밀착된 와인 코르크 스크류의 받침대를 잘 지탱해야 한다. • 오른손으로 코르크를 제거한 후 즉시 냄새를 맡아 와인의 이상 여부를 확인한 후 코르크를 Side Plate(Saucer)에 담는다. • 서비스하기 전에 병목을 냅킨으로 잘 닦는다.
파지법	• 왼손에는 냅킨을 준비하여 와인병의 밑바닥이 놓이도록 하고 오른손으로는 와인병목을 가볍게 잡고 운반한다. 이때 레이블이 보이도록 한다, • 고객에게 서비스하는 동안 레이블을 볼 수 있도록 와인병을 잡는다.
Tasting	• 주문한 Host에게 테이스팅하게 되는데 이때 와인의 양은 와인글라스에 1/10 정도가 되도록 따른다. • Host의 오른쪽에서 서비스를 하는데 Host가 테이스팅한 후 OK라는 신호가 떨어지면 서비스한다.
Service	• 항상 와인 레이블을 보여주고 여성에게 먼저 서비스한 후 남성에게 서비스한다. • 왼손은 뒤로 서비스하고 오른손으로 고객의 오른쪽에서 서비스하며 시계가 도는 방향이다.
Keeping	• Silver plate 위에 와인병을 세우고 레이블은 고객이 볼 수 있도록 한다.
Refill	• 고객들이 와인을 드시면 리필한다.

2) 화이트와인

준비	• 고객이 주문한 화이트와인을 Ice basket에 넣어서 Side Table이나 Stand에 준비한다. • Ice Basket에는 얼음물을 1/4정도 넣고 물을 2/3 정도 채운다 • 와인병은 고객이 레이블을 볼 수 있도록 Ice Basket의 바깥쪽으로 눕힌 후 흰 냅킨(Napkin)으로 병목에 걸쳐 놓는다. • 서빙 온도는 드라이와인은 8~10℃, 세미 드라이는 10~12℃, 단 와인은 6~8℃로 한다.
Presentation	• 냅킨을 사용하여 와인병의 물기를 제거한 후 냅킨에 얹어서 고객의 오른쪽에서 와인을 설명한다(와인의 레이블, 빈티지, 포도품종, 생산지 등).
Opening the bottle	• 흰 냅킨 위에 와인병을 올려놓는다. 이때 레이블은 고객이 볼 수 있도록 한다. • 와인캡을 제거하는데 이때 병을 눕히거나 돌려서는 안 된다. • 와인캡을 제거한 후 냅킨으로 병마개 주위를 깨끗하게 닦는다. • 코르크의 중앙에 와인 코르크 스크류를 삽입하고, 이때 나선형이 1 Step 정도 남도록 하여 손잡이는 5시 방향으로 한다. • 와인 코르크 스크류를 사용하여 코르크를 제거한 후 냅킨으로 병목을 깨끗이 닦는다. • 냅킨을 사용하여 서비스할 준비를 한다
파지법	• 왼손에는 냅킨을 준비하여 와인병의 밑바닥이 놓이도록 하고 오른손으로는 와인병목을 가볍게 잡고 운반한다. 이때 레이블이 보이도록 한다, • 고객에게 서비스하는 동안 레이블을 볼 수 있도록 와인병을 잡는다.
Tasting	• 주문한 Host에게 테이스팅을 하게 되는데 이때 와인의 양은 와인글라스에 1/10 정도가 되도록 따른다. • Host의 오른쪽에서 서비스를 하는데 Host가 테이스팅한 후 OK라는 신호가 떨어지면 서비스한다.
Service	• 항상 와인 레이블을 보여주고 여성에게 먼저 서비스한 후 남성에게 서비스한다. • 왼손은 뒤로 서비스하고 오른손으로 고객의 오른쪽에서 서비스하며 시계가 도는 방향이다.
Keeping	• 와인 서비스가 끝나면 Ice Basket에 보관하는데 이때 레이블을 고객이 볼 수 있도록 Ice Basket 바깥쪽으로 냅킨을 병목에 걸어둔다.
Refill	• 고객들이 와인을 드시면 젖은 물기를 닦아낸 후 냅킨을 사용한 후 서비스한다.

VII 소믈리에

1. 소믈리에(Sommelier)

1) 소믈리에의 역할

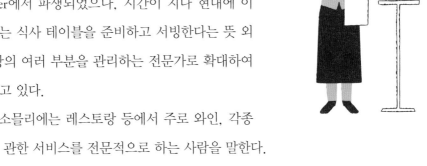

소믈리에는 '소를 이용해서 식음료를 나르게 하는 사람'이란 뜻이다. 즉 동물에게 짐을 지우는 사람을 뜻하는 프로방스어이며, Saumalier의 Somme/Semmier에서 파생되었으나, 시간이 지나 현대에 이르러서는 식사 테이블을 준비하고 서빙한다는 뜻 외에 매장의 여러 부분을 관리하는 전문가로 확대하여 해석되고 있다.

즉, 소믈리에는 레스토랑 등에서 주로 와인, 각종 주류에 관한 서비스를 전문적으로 하는 사람을 말한다.

소믈리에의 임무는 기본적으로 고객의 요구와 기대에 맞춰 와인을 제안하고 서비스하는 일이다. 조금 더 넓은 의미로는 음료의 구매 및 저장, 관리, 판매의 활성화와 직원들의 교육을 담당하며, 소속 기업 이익증대의 임무가 있다.

그 외, 포도밭을 다니며 다양한 테루아를 경험하고, 그곳에서 나는 와인을 시음하는 것도 모두 소믈리에의 업무다.

소믈리에가 레스토랑에서 와인을 사들이고 재고를 관리하며, 레스토랑 재무에 일정 부분 책임을 진다.

2) 소믈리에의 자세

- 와인과 관련된 폭넓은 지식을 쌓아야 한다.
- 서비스 매너와 태도, 기술이 숙련되어야 한다.
- 음식과 음료에 대한 지식을 쌓아야 한다.
- 고객의 습관에 따른 판매 방법이 능숙해야 한다.
- 와인 관리 능력 즉, 와인 리스트 작성 및 구매 관리, 저장소 관리, 재무관리 등 전반적인 업무처리가 능숙해야 한다.
- 마케팅, 기획, 실천 가능한 계획을 수립해야 한다. (월/분기/계절별 프로모션)
- 직원과 후배 소믈리에 기술 훈련 및 교육 등을 해야 한다.

● **소믈리에 서비스 자세**

소믈리에는 고객에게 서비스할 때, 고객의 오른쪽에서 서빙하며, 와인을 들고 있지 않은 손은 뒷짐을 지고 서비스한다. 손에는 리넨을 들고, 와인이 1 Drop이라도 흐르지 않도록 능숙하게 서비스한다.

2. 와인 구매에서 저장까지

1) 와인 리스트 작성

- 업장의 메뉴와 스타일 등을 고려해야 한다.
- 메뉴리스트와 저장 순서가 맞아야 관리하기 좋다.
- 리스트 배열 방법은 나라별, 지역별 순으로 하는 것이 좋다.
- 와인명, 빈티지, 등급, 가격을 표기해야 한다.
- 정리가 잘된 저장소는고객이 주문했을 때 쉽게 찾을 수 있으며, 관리에도 쉽다.

2) 와인 구매

- 와인의 품질에 영향을 주는 보관 장소의 중요성이 요구된다.
- 저장소 크기를 고려하여 와인을 구매해야 한다.
- 와인을 구매하기 전 반드시 테이스팅(Tasting) 과정이 필요하다.
- 와인 공급업자의 신뢰성과 공정성은 원활한 와인공급과 가격에서의 안정성을 확보하는 데 아주 중요하다.

3) 와인 보관

- 와인 보관 조건은 햇빛, 온도, 습도, 진동 등이다.
- 와인 저장소의 온도는 항상 일정하게 유지하는 것이 좋다.
- 10~15℃로 일정한 온도 유지가 중요하다.
- 습도는 70~75%를 유지하며, 통풍이 잘되는 곳이 좋다.
- 햇빛이 없어야 하며, 진동과 불쾌한 냄새가 없어야 한다.

4) 와인 준비 및 보관

(1) 레드와인

레드와인은 서비스하기 한두 시간 전에 미리 꺼내어 놓는 것이 좋으며, 침전물이 가라앉을 수 있도록 실온에 세워서 준비하는 것이 좋다.

이는, 레드와인의 경우 타닌으로 인해 침전물이 생길 수 있기 때문이다.

(2) 화이트와인

화이트와인은 아이스 버킷을 준비하여 얼음과 물을 채우고 비스듬히 끼워둔다. 화이트와인은 온도가 매우 중요하기 때문에 미리 냉장고에 넣어두어 적정온도를 맞추어 두는 것이 좋다.

(3) 스파클링 와인

스파클링 와인의 경우, 서비스 시간에 맞추어 와인의 온도를 확인하고 서비스할 수 있도록 준비한다. 서비스 전에 미리 흔들리지 않도록 조심하고, 식사 전 분위기를 띄울 수 있도록 차분히 서비스한다. 서비스 공간 주변에 리넨과 바스켓을 미리 준비해둔다.

ⓢ **와인의 적정온도**

와인종류	칠링*의 적정온도
레드와인	14~18℃
화이트와인	12~16℃
로제와인	6~10℃
스파클링/스위트와인	6~8℃

* 칠링(Chilling): 주로 와인이나 칵테일 잔 따위를 차갑게 하는 일. 어는점 가까이하는 일

3. 와인 레이블 읽기

와인이 어렵다고 느끼는 이유는 와인 레이블 때문이다. 레이블은 그 와인의 이력서라고 할 수 있으며, 나라마다 각기 다른 기준으로 표기 방법도 달라서 혼동될 수밖에 없다.

레이블에는 포도 품종, 포도 재배 지역, 생산자 또는 와인 제조회사, 등급 빈티지 등이 표기된다. 레이블에 와인의 모든 정보가 들어있으므로 레이블 읽기는 매우 중요하다.

구세계 와인은 전통을 강조하며, 테루아를 중심으로 와인 레이블을 작성한다. 품종은 표시하지 않으므로 지역명과 지역별 품종을 아는 것이 중요하다.

신세계 와인은 와인 레이블에 포도 품종을 표시하고, 소비자가 쉽게 접근할 수 있도록 감각적이며 단순한 디자인으로 공격적인 마케팅 부분에 신경을 쓴다.

1) 와인 레이블의 종류

레이블의 종류	레이블 내용
Main Label	브랜드명 주된 일반정보 표시
Neck Label	생산연도와 생산회사를 표시 보르도나 신세계에서는 잘 사용하지 않음 이탈리아의 경우 키안티 클래시코를 표시하기 위해 넥 레이블에 검은 수탉을 표시한다.
Back Label	간단한 와인 설명 및 양조의 특징적인 내용 음식 매칭 등

2) 와인 레이블의 내용

(1) 와인 생산자와 와인 이름

- 빈티지
- 포도 품종
- 생산국
- 와인 등급
- 숙성기간 등

3) 와인 추천과 테스팅

- 추천 받기
- 와인 선정하기
- 와인 따르기
- 와인병 오픈하기
- 적정한 온도의 와인 따르기
- 와인잔 고르기
- 와인 따르기
- 와인 마시기
- 잔을 채우기 전에 약 5~30mL 정도의 와인을 맛보기
- 와인과 식품 페어링
- 와인 변경하기

4. 와인 오픈하는 방법

① 와인 오프너를 준비한다.

② 나이프를 편다.

③ 와인 라벨이 앞으로 보이도록 잡는다.

④ 칼을 대고 과일 깎듯이 돌려가며, 칼집을 낸다.

⑤ 윗부분을 벗겨 낸다.

⑥ 스크류를 윗면의 1/3 지점에 꽂는다.

⑦ 한 손으로 와인을 잡고, 다른 한 손으로 지렛대를 이용하여 오프너를 올린다.

⑧ 코르크 안쪽의 상태를 보며, 와인의 상태를 추측한다.

⑨ 코르크의 향을 먼저 맡는다.

⑩ 서빙한다.

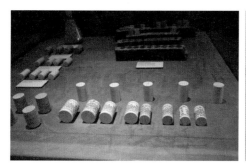

코르크

5. 디캔팅(Decanting)

1) 디캔팅의 목적

첫째 와인의 맛과 향을 제대로 즐기기 위해서 찌꺼기를 걸러내고 투명한 와인만을 얻기 위함이다.

카베르네 쇼비뇽(Cabernet Sauvignon)이나 네비올로(Neb-biolo) 같은 품종이나 올드와인의 경우 시간이 지나는 동안에 타닌 성분이 병 바닥에 쌓여 침전물이 많아진다. 이런 와인은 그냥 마시는 것보다는 찌꺼기를 걸러내고 마시는 것이 좋다.

둘째, 와인이 전혀 익지 않은 거친 맛의 와인일 경우 디캔팅을 하게 되면 와인을 부드럽게 표현할 수 있다. 디캔터에 담으면서 공기와 닿는 표면적이 병보다 넓어지게 되는데, 이때 더 많은 공기와의 접촉이 가능하기 때문이다. 디캔팅의 목적은 부드러운 맛의 숙성된 와인을 느끼기 위한 것이다.

2) 디캔팅 방법

(1) 병에서 디캔터로 옮겨 바로 마시는 방법
(2) 병에서 디캔터로 옮기고 다시 병으로 옮기는 방법(Double Decanting)
(3) 디캔터에서 디캔터로 여러 번 반복하는 방법

6. 와인글라스

와인은 그 자체로도 매력적이며, 테이블을 완성하는 복잡한 매력이 있는 음료이다. 그 매력을 끌어 올려주는 것이 바로 와인글라스이며, 올바른 글라스 선택은 와인의 맛과 향을 극대화한다.

와인은 복잡한 성분과 향이 결합된 음료이다. 와인잔의 크기에 따라서 입 안과 코에 닿는 방식이 달라지며, 이에 따라 같은 와인이라도 더욱 풍부한 와인 경험으로 감동을 주게 된다.

1) 레드와인 글라스

레드와인은 풍미가 뛰어나고 복잡한 특성이 있으며, 공기와의 접촉이 매우 중요하다. 레드와인용 글라스는 볼륨이 크고 림이 넓어 공기가 충분히 접촉할 수 있도록 설계되어 있다. 포도 품종의 특성에 따라 와인잔도 구별하기 쉬운데 보르도 와인이 거친 와인이라면, 부르고뉴 와인은 부드러운 와인이라고 볼 수 있다. 부드러운 특성은 잔에서도 잘 나타난다.

- **보르도 글라스**: 카베르네 쇼비뇽, 메를로 등 풍미가 강한 레드와인에 적합하다.
- **부르고뉴 글라스**: 피노 누아, 시라즈 등 부드러운 레드와인에 적합하다.

2) 화이트와인 글라스

일반적으로 레드와인보다는 가벼우면서 신선한 특징이 있다. 화이트와인은 볼륨이 작고 림이 좁아 와인의 신선함을 유지할 수 있다.

- **샤르도네 글라스**: 샤르도네, 샤블리 등의 중후한 화이트와인에 적합하다.
- **쇼비뇽 블랑 글라스**: 쇼비뇽 블랑, 그리고 그 외의 가벼운 와인에 적합하다.

3) 스파클링 와인 글라스

- **샴페인 플루트**: 스파클링 와인에 최적화된 와인잔, 거품을 오랫동안 유지할 수 있도록 설계되어 있다.
- **디저트 와인 글라스**: 볼륨이 작아 디저트 와인의 달콤함과 풍미를 충분히 느낄 수 있게 한다.

Lip 입술이 닿는 부분

립(Lip)의 둘레가 볼(Bowl)
보다 좁은 이유: 와인의 향을
지속적으로 오래 보존

Bowl

스월링(와인의 향을 맡고자
잔을 돌리는 행동) 때 와인을
흘리지 않고 향으로 가득
채움

1/3 정도만
와인 채우기

Stem 손잡이

체온으로 인한 와인의 변질을 막고
와인의 색감을 관찰하기 쉬움

Base 와인잔의 받침

● **와인잔의 중요성**

크리스털과 유리 중 어떤 재질을 선호하는지 고려해야 한다. 크리스털은 더 얇고 빛 투과가 잘되어 와인의 색을 더욱 뽐내어 줄 수 있으며, 간결한 디자인은 와인의 특성을 더 잘 드러내 주는 경우가 많다. 그렇다고 너무 비싼 와인잔을 고집할 수는 없으며, 예산에 맞는 와인잔 선택도 중요한 부분이다. 또한 일상용으로 사용할 것인지 특별한 행사에 사용할 것인지에 따라서 선택해야 한다. 일상용이라면 다목적용의 편안한 와인잔이 좋을 수 있다. 이렇게 사용자의 목적과 예산에 맞게 올바른 와인글라스를 선택함으로써 와인의 복합적인 경험을 더 풍부하게 할 수 있다.

REFERENCE

[중앙일보] https://www.joongang.co.kr/article/25178153

[네이버 지식백과] 애피타이저 와인 [Appetizer Wine] (두산백과 두피디아, 두산백과)

[컬처타임즈 이지선 와인 칼럼] 와인계의 겉절이, 보졸레 누보!

네이버

나무위키

정정희 외, 한 권으로 끝내는 커피, 백산출판사

이자윤, 와인과 소믈리에론, 백산출판사

김연선 외, 호텔바텐더와 칵테일 실무, 백산출판사

원홍석, 와인과 소믈리에, 백산출판사

정정희

현) 예성컨설팅 대표
경희사이버대학교 겸임교수
경희대학교 조리외식경영학 박사
대한민국명인회 WFCC. KFCA
WTCO 푸드올림픽 국제심사위원
국제푸드올림픽/세계푸드앤테이블 준비위원장
연성대학교 조교수 역임
요리세상조리학원 원장 역임
월드바리스타 안양캠퍼스 원장 역임
한국음식연구원 원장
(사)세계음식문화연구원 이사
음식평론가협회 상임이사
미국 C.I.A브런치퀴진 수료
자격증: 조리기능장, 김치명인, 커피마스터, 커피로스팅마스터, 기능음식관리사,
서비스평가사, 티소믈리에, 사찰음식지도사, 음식대가, 홍차전문가, 한식기능사,
중식기능사, 복어기능사, 테이블코디네이터, 바리스타1.2 마스터, 유럽바리스타,
우리차관리사, 와인관리사, 와인매니져에듀케이터, CAFA와인관리사, 외식경영사 외

김자경

현) 동원대학교 호텔제과제빵과 교수
세종대학교 조리외식 전공(조리학 박사)
대한민국 조리기능장
한국산업인력공단 조리기능장 실기 감독위원
한식·양식·일식·중식·복어조리 기능사 실기 감독위원
(사)한국조리학회 수석이사
한국산업인력공단 제과 제빵기능사 실기 감독위원

저서

다이어트 레시피, 육수 만들기 비법,
세계의 음식문화, 한식조리기능사 실기,
양식조리기능사 실기 등 다수